Web开发典藏大系

U0385681

Vue.js 3+ TypeScript
从入门到项目实践

李一鸣◎编著

清华大学出版社

北 京

内 容 简 介

本书以实战为主线，结合众多代码示例和一个完整的项目案例，全面、系统地介绍 Vue 3 和 TypeScript 的相关技术及其在实际项目开发中的应用。本书在讲解中穿插介绍了一些开发技巧，可以帮助读者提高代码质量和项目开发的效率。

本书共 13 章，分为 3 篇。第 1 篇基础知识，包括初识 Vue、TypeScript 基础知识、Vue 的基本指令、CSS 样式绑定、数据响应式基础、组件化开发。第 2 篇进阶提升，包括 HTTP 网络请求、使用 Vue Router 构建单页应用、Vuex 状态管理与应用调优、项目构建利器 Webpack、搭建后台模拟环境。第 3 篇项目实战，包括商城后台管理系统项目设计与框架搭建以及功能模块的实现。

本书内容丰富，实用性强，适合有一定 Web 开发和 JavaScript 编程基础的前端工程师阅读，也适合熟悉 Vue 2 而想进一步系统学习 Vue 3 的 Web 前端开发从业人员阅读，还适合大中专院校和社会培训机构作为 Web 开发类课程的教材。

图书在版编目（CIP）数据

Vue.js 3+TypeScript 从入门到项目实践 / 李一鸣编
著. -- 北京 ：清华大学出版社, 2024. 9. -- (Web 开发
典藏大系). -- ISBN 978-7-302-67259-3

Ⅰ. TP393.092.2；TP312.8

中国国家版本馆 CIP 数据核字第 2024YA2826 号

责任编辑：王中英
封面设计：欧振旭
责任校对：胡伟民
责任印制：刘海龙

出版发行：清华大学出版社
　　　　网　　　址：https://www.tup.com.cn，https://www.wqxuetang.com
　　　　地　　　址：北京清华大学学研大厦 A 座　　　邮　　编：100084
　　　　社 总 机：010-83470000　　　　　　　　　邮　　购：010-62786544
　　　　投稿与读者服务：010-62776969，c-service@tup.tsinghua.edu.cn
　　　　质量反馈：010-62772015，zhiliang@tup.tsinghua.edu.cn
印 装 者：河北鹏润印刷有限公司
经　销：全国新华书店
开　本：185mm×260mm　　　印　张：18　　　字　数：453 千字
版　次：2024 年 9 月第 1 版　　　　　　　　印　次：2024 年 9 月第 1 次印刷
定　价：79.80 元

产品编号：107413-01

在当今这个 Web 技术发展令人眼花缭乱的时代，Vue.js（后文简称为 Vue）以其不断的创新而引领潮流。从 2013 年 12 月 Vue 的诞生，到 2016 年 10 月 Vue 2 的正式发布，再到 2020 年 9 月 Vue 3 的横空面世，这一开源框架历经多年的打磨与迭代，终于取得了空前的成功，国内有大量的公司都将其作为 Web 前端开发的首选框架。

Vue 3 是一套渐进式框架，它同 Vue 2 一样具有优雅的设计、出色的性能和友好的文档；它专注于视图层，采用自底向上的增量开发设计，可以构建优秀的用户界面，而且非常容易上手；它在兼容 Vue 2 的基础上进行了革新，引入了组合式 API（Composition API），这一革命性的特性使得代码编写更具聚焦性，不仅有助于提升代码的可重用性和可维护性，而且使得开发更为流畅，效率更高；它还以崭新的方式摒弃了 Vue 2 所依赖的 Object.defineProperty 方法，转而以 Proxy 实现响应式编程，从而能够更加灵活地追踪和触发数据变化。另外，伴随着 TypeScript 的逐渐流行，Vue 3 还进一步提升了对其支持与集成，这为项目开发提供了更加便捷和友好的环境。

上述特性使得 Vue 3 深受前端开发者的青睐，无数软件公司摒弃了传统的开发框架而转用这一革命性的新框架，无数开发者纷纷开始了解和学习 Vue 3。可以说，Vue 3 已经是 Web 前端开发人员必须掌握的一项技术。

目前，图书市场上已经可以找到多本 Vue 3 开发图书，但是还鲜见一本基于 Vue 3+ TypeScript 的 Web 项目开发图书。基于此，笔者编写了本书，全面介绍 Vue 3 和 TypeScript 的相关技术及其在实际项目开发中的应用，从而帮助读者全面、系统地学习 Web 前端开发知识。本书以实战为主旨，首先从基础知识讲起，然后进阶提升，系统讲述一些核心技术，最后进行项目实战，详细介绍一个商城后台管理系统的实现，从而帮助读者融会贯通前面所学的知识，并提高实际项目开发水平。

本书特色

1. 内容新颖，技术前瞻

本书重点介绍 Vue 3 的全新特性，帮助读者快捷、顺畅地从 Vue 2 过渡到 Vue 3，从而为自己的项目提供强大的技术支撑。

2. 内容全面，涵盖多项关键技术

本书不但全面介绍 Vue 3 前端开发的基础知识，而且介绍组件开发、路由管理、状态维护、数据响应式、性能分析与优化等多项 Vue 3 的核心技术。通过阅读本书，读者可以系统地了解 Vue 3 的各项技术及其应用场景与技术要点。

3．Vue 3 结合 TypeScript 进行开发

本书深入介绍 Vue 3 与 TypeScript 技术的结合使用，为读者展示编写类型安全代码的技巧，以及单元测试与性能优化等关键技术，其在实际项目开发中具有很大的价值。

4．示例丰富，注重实践

本书多数章节给出了丰富的代码示例，其难度由易到难，讲解由浅入深，循序渐进，代码注释丰富，非常适合读者上手练习，从而更好地理解相关的知识点。

5．详解经典项目实战案例

本书通过一个紧贴实际业务场景的经典项目实战案例——商城后台管理系统，引导读者理解实际项目开发，并在实际业务场景中应用所学的知识，以及提高代码质量和开发效率。本书不但详解该项目案例的实现思路，而且给出了完整的源代码并对其进行详细的注释，帮助读者深入理解项目开发的细节。

本书内容

第 1 篇　基础知识

本篇涵盖第 1~6 章，包括初识 Vue、TypeScript 基础知识、Vue 的基本指令、CSS 样式绑定、数据响应式基础、组件化开发。通过学习本篇内容，读者可以掌握 Vue 框架的背景、历史、目录结构和 Vue CLI 的使用方法，以及 TypeScript 的类型系统、接口和泛型等，并系统掌握构建出色的 Web 应用所需要具备的各种知识和技能。

第 2 篇　进阶提升

本篇涵盖第 7~11 章，包括 HTTP 网络请求、使用 Vue Router 构建单页应用、Vuex 状态管理与应用调优、项目构建利器——Webpack、搭建后台模拟环境。通过学习本篇内容，读者可以进一步拓展自己的技术视野，从而系统掌握构建更复杂、高效和实用的前端应用所需要的核心技术。

第 3 篇　项目实战

本篇涵盖第 12、13 章，包括商城后台管理系统——项目设计与框架搭建、商城后台管理系统——功能模块的实现。通过学习本篇内容，读者可以更加深入地理解前面章节所学技术在实际项目中的应用，并详细了解一个完整的 Web 项目的开发流程。

配套资源获取方式

本书涉及的源代码等配套资源有两种获取方式：一是关注微信公众号"方大卓越"，回复数字"30"自动获取下载链接；二是在清华大学出版社网站（www.tup.com.cn）上搜索到本书，然后在本书页面上找到"资源下载"栏目，单击"网络资源"或"课件下载"

按钮进行下载。

读者对象

- ❑ Vue.js 3 初学者；
- ❑ Vue.js 3 进阶者；
- ❑ 从 Vue.js 2 转向 Vue.js 3 的开发者；
- ❑ Web 前端开发工程师；
- ❑ Web 服务器端开发工程师；
- ❑ 对前端开发感兴趣的后端开发人员；
- ❑ 软件开发项目经理；
- ❑ 高等院校的学生；
- ❑ 相关培训机构的学员。

致谢

由衷地感谢参与本书出版的所有工作人员，是你们让我与本书结缘，才得以分享自己的知识与经验，并让本书高质量出版。还要感谢那些在本书写作过程中给予帮助的人，你们的支持和交流使得本书内容更加完善和有价值。另外，还要特别感谢我的家人，是你们的坚定支持和鼓励才让我能够坚持下去，最终完成本书的创作。最后，衷心地感谢本书的所有读者，正是因为有了你们，本书才能够体现其最大的价值和意义。

售后支持

由于水平所限，加之写作时间较为仓促，书中可能还存在一些疏漏和不足之处，敬请广大读者批评与指正。阅读本书的过程中如果有疑问，请发电子邮件联系笔者。邮箱地址：bookservice2008@163.com。

李一鸣
2024 年 7 月

第1篇 基础知识

第 2 篇 进阶提升

第 3 篇　项目实战

第1篇
基础知识

第 1 章　初识 Vue.js

本章介绍 Vue.js（下文简称为 Vue，涉及版本号时简称为 Vue 2 或 Vue 3）框架的基本发展历程，并提供从零开始搭建开发环境到运行自己第一个程序的详细指导，以帮助读者初步了解 Vue 框架的核心特性和使用方法。

在对 Vue 有一定了解后，可深入探究前端领域中其他框架的现状和发展趋势。通过比较各框架的特点和适用环境，协助读者在不同项目中做出恰当的选择。

本章涉及的主要内容点如下：

❑　Vue 简介；

❑　从零开始搭建 Vue 开发环境；

❑　第一个 Vue 程序；

❑　丰富的界面体验：探索 Vue UI 库。

1.1　Vue 简介

2021 年，GitHub 发布了一份年度报告，其中，JavaScript 的热度常年位居第一，TypeScript 的热度也在近几年一路飙升。虽然近两年就业市场相对严峻，但前端的生存环境还算差强人意，其招聘数量依然高于其他开发领域。随着前端技术的不断演进，涌现出了众多新技术和框架，其中，Vue 成为学习前端不可忽视的一个框架。本书出版的目的就是帮助更多想学习 Vue 的前端开发者，通过更多的练习掌握这个框架。

目前还有一些公司使用 Vue 2 进行开发，大多是因为有一些老项目需要进行维护。对于框架本身而言，Vue 2 和 Vue 3 中的很多概念都是相通的，而且 Vue 3 在很大程度上兼容 Vue 2 的语法。Vue 3 已经面世几年了，因此不管是初学者还是工作多年的前端开发人员，推荐直接学习 Vue 3。总而言之，千万不要在学习方向上过度纠结，这会浪费自己的精力与时间。新技术不断涌现，但本质并没有太大的变化，对于开发人员来说，更重要的是思考问题的角度和快速解决问题的能力。不要将自己局限在单一编程语言或领域，也不要把自己定位在一个方向或岗位上。一旦精通一门开发语言，学习另一门开发语言将变得更加容易。

接下来，一同来了解 Vue 的历史和现状吧！

1.1.1　Vue 的诞生与发展

2013 年，一位叫尤雨溪开发者受到 AngularJS 的启发，提取了自己喜欢的部分开发了一款轻量级框架 Seed。由于 NPM 中已有同名框架，同年 12 月，该框架正式更名为 Vue。

2014 年 2 月，Vue 正式对外发布，版本号为 0.6.0。2016 年 10 月正式发布了 Vue 2 版本，2020 年 9 月正式发布了 Vue 3 版本。

　　Vue 在国内的流行，不仅在于尤雨溪个人，也在于框架自身的优秀和可靠。2016 年一项针对 JavaScript 框架的调查表明，Vue 的开发者满意度为 89%。在 GitHub 上，该项目平均每天能收获 95 颗星，为 GitHub 有史以来星标数第 3 多的项目。2018 年，在 JavaScript 框架/函数库中，Vue 所获得的星标数已超过 React，并高于 Angular 和 jQuery 等项目。

　　通过图 1.1 和图 1.2 可以看出，Vue 在国内是最热门的框架，并且在全球范围内也拥有相当大的市场。

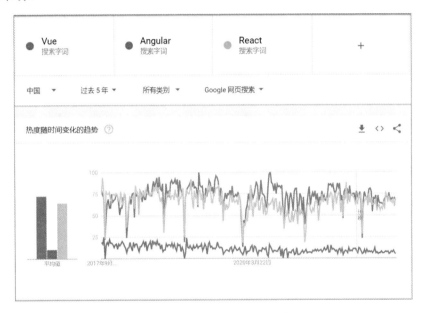

图 1.1　三大框架在国内的热度趋势

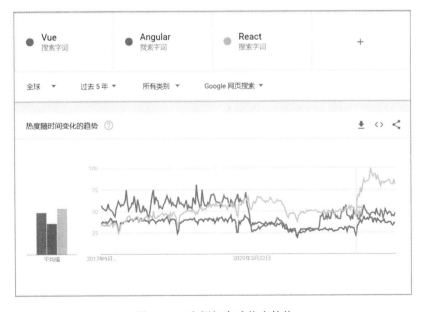

图 1.2　三大框架全球热度趋势

1.1.2　Vue 版本的区别

从 2013 年 Vue 的诞生到本书完成写作时的 Vue 3.4 版本，Vue 的发展十分迅速。其中，每个大版本都有明显的改动。以下是 Vue 各版本的一些主要变化。

1．Vue 1.x

Vue 1.x 是第一个发布的 Vue 版本。它的核心思想是"双向数据绑定"，这意味着当数据发生变化时，视图会自动更新。Vue 1.x 的 API 相对简单，并且性能较好，但也存在一些缺点，如性能受限于实现方式、缺乏虚拟 DOM 等。

2．Vue 2.x

Vue 2.x 是 Vue 的第二个版本，它在 Vue 1.x 的基础上进行了重构和优化。Vue 2.x 的核心优化是引入了虚拟 DOM，这样就能更高效地进行视图更新。此外，Vue 2.x 还加入了许多新特性和语法糖，如计算属性、指令修饰符和渲染函数等，使其更加灵活和易用。

3．Vue 3.x

Vue 3.x 是 Vue 的最新版本，它在 Vue 2.x 的基础上进行了进一步的改进和优化。Vue 3.x 主要优化了性能和开发体验。首先，Vue 3.x 使用了新的响应式系统，它的性能比 Vue 2.x 更好，并且更易于调试。其次，Vue 3.x 采用了模块化的架构，可以更好地支持 Tree Shaking 功能和按需加载。此外，Vue 3.x 还提供了 Composition API，这是一种新的 API 风格，可以更好地组织和复用代码。

Vue 在版本升级过程中一直在改进其性能、易用性和可维护性。Vue 1.x 相对简单，Vue 2.x 加入了许多新特性和语法糖，Vue 3.x 则在新的响应式系统、模块化架构和 Composition API 上进行了改进和优化。

1.1.3　前端框架的选择

以前，jQuery 一统天下，现在，Vue、React、Angular 三分天下。鉴于这三大框架的盛行，有必要了解它们之间的区别，见表 1.1。

表 1.1　三大框架对比

区　　别	Vue	React	Angular
组织方式	模块化	模块化	MVC
路由	动态路由	动态路由	静态路由
模板能力	自由	自由	强大
数据绑定	双向绑定	单向绑定	双向绑定
自由度	较大	大	较小

从表 1.1 中可以看出，Vue 具有快速上手、灵活简单的特点，适用于中小型应用，有

许多公司采用。React 具备极高的灵活性，但学习曲线较陡，广泛被多家公司使用。Angular 拥有强大的功能，提供丰富的特性，然而使用的公司相对较少且自由度有所限制。

对于目前前端的发展情况来说，数量众多的框架让开发者心生畏惧，觉得每天都在出新的东西，永远学不完，心里十分焦虑。程序员应该是框架的主人，为了提高效率、解决某些问题才会选择某个框架，千万不能成为框架的奴隶。新框架那么多，出一个学一个，什么都会一点，将什么都不精。只要拥有扎实的基础知识，对所学框架进行深入的理解，就像学编程语言一样，精通了一门后再学其他的是很快的。

如果读者打算学会一个框架然后去找一份工作，那么对于国内的前端开发者来说选择 Vue 是毫无疑问的。国外对于 React 的开发岗位需求更多一些，因此欧美国家的开发者可以选择 React 进行学习。

1.2　从零开始搭建 Vue 开发环境

本节笔者将从搭建环境开始讲起，并在下一节介绍如何运行第一个 Vue 程序。

☎提示：本节的环境搭建将以用户比例最多的 Windows 操作系统进行演示。由于软件在 Windows、macOS、Linux 环境下的安装方法基本一致，所以不再一一讲述。

1.2.1　安装 Node.js 和 NPM

Node.js 是一个基于 Chrome V8 引擎的 JavaScript 运行时环境，而 NPM（Node Package Manager，Node 包管理器）是 Node.js 默认的以 JavaScript 编写的软件包管理系统。

Vue 的官方文档中明确指出，使用 Vue 的前提条件是安装 15.0 或更高版本的 Node.js。安装方法十分简单，打开 Node.js 官网的网址 https://nodejs.org/zh-cn/download/，选择对应自己操作系统版本的 Node.js 安装包，单击下载即可，如图 1.3 所示。

	长期维护版 推荐多数用户使用		最新尝鲜版 含最新功能
	Windows 安装包 node-v16.17.0-x64.msi	macOS 安装包 node-v16.17.0.pkg	源码 node-v16.17.0.tar.gz
Windows 安装包 (.msi)		32-bit	64-bit
Windows 二进制文件 (.zip)		32-bit	64-bit
macOS 安装包 (.pkg)		64-bit / ARM64	
macOS 二进制文件 (.tar.gz)		64-bit	ARM64
Linux 二进制文件 (x64)		64-bit	
Linux 二进制文件 (ARM)		ARMv7	ARMv8
源码		node-v16.17.0.tar.gz	

图 1.3　Node.js 与 NPM 下载

安装 Node.js 时 NPM 会随之自动安装到系统中。在命令行中输入 npm -v 和 node -v 命令可以检测是否成功安装，如图 1.4 所示。

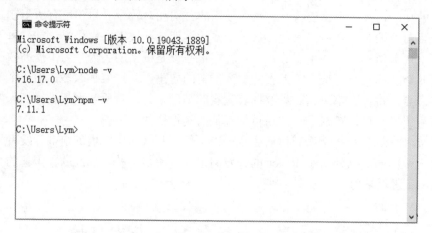

图 1.4　查看当前操作系统安装的 Node.js 和 NPM 版本

　　如果读者在使用 NPM 安装第三方库时失败了，可以选择使用 CNPM。在安装或升级完 Node.js 后，运行以下命令可以安装淘宝提供的 NPM 软件包库的镜像 CNPM，命令运行结果如图 1.5 所示。

```
npm install -g cnpm --registry=https://registry.npm.taobao.org
```

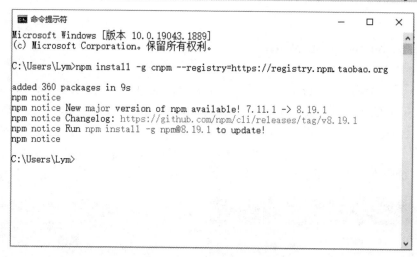

图 1.5　使用 NPM 安装 CNPM

　　安装命令成功执行后，以后使用 NPM 命令的时候就都可以用 CNPM 来代替了。下面的内容中依然使用 NPM 命令，安装了 CNPM 的读者可以自行替换。CNPM 支持 NPM 中除 publish 之外的所有命令。

☎提示：如果使用 npm install 等命令安装失败，Windows 用户可以尝试使用管理员身份运行命令行，macOS 和 Linux 用户可以尝试在命令前加上 sudo。

　　至此，Node.js 和 NPM 的安装就完成了。最后，读者可以检查一下本地的版本号，尽量保证所使用的版本大于或等于笔者的版本。

1.2.2　安装 Git

Git 是一个开源的分布式版本控制系统，由 Linux 之父 Linus Torvalds 开发。目前，几乎所有的开源项目都发布在使用 Git 的 GitHub 网站上，包括 Vue 这个开源项目也上传到了该平台上，其 GitHub 的网址为 https://github.com/vuejs/core。

使用 Vue CLI 之前，需要在操作系统中安装好 Git。这样当使用 Vue CLI 创建项目时，将会自动调用 Git 的命令，从 GitHub 把对应版本号的 Vue 模板与支持文件下载到本地。

对于 Git 的安装，首选当然是从官方网站上获取安装文件，打开 https://www.git-scm.com/download/，选择对应的操作系统，单击下载即可，如图 1.6 所示。

图 1.6　Git 的官网下载网站

安装完毕后输入以下指令，验证 Git 是否成功安装并检查安装的版本，如图 1.7 所示。

```
git --version
```

```
命令提示符                                              —   □   ×
Microsoft Windows [版本 10.0.19043.1889]
(c) Microsoft Corporation。保留所有权利。

C:\Users\Lym>git --version
git version 2.37.3.windows.1

C:\Users\Lym>
```

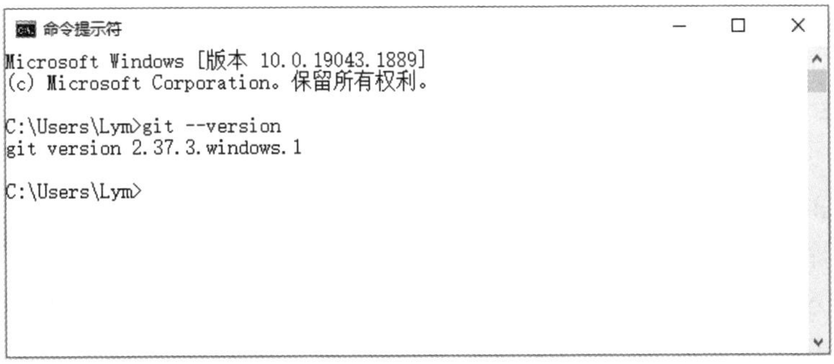

图 1.7　验证 Git 是否成功安装以及安装的版本

1.2.3　安装 Vue CLI

接下来需要使用刚才安装的 NPM 进行 Vue CLI 的安装。Vue CLI 是 Vue 的命令行界面工具，具有创建项目、添加文件及启动服务等功能。使用以下命令安装 Vue CLI。

```
npm install -g @vue/cli
```

在安装完成后，使用以下命令验证 Vue CLI 的安装与版本与命令帮助，如图 1.8 所示。

```
ng --version
```

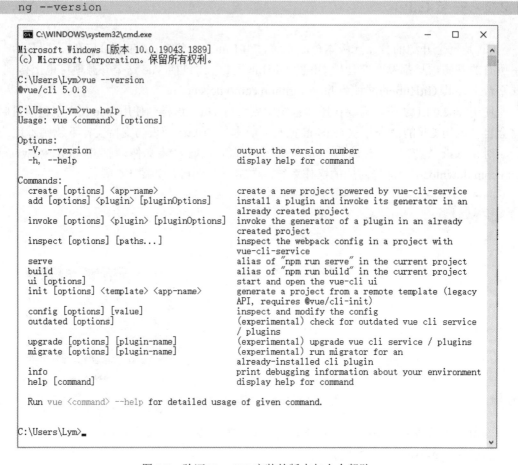

图 1.8　验证 Vue CLI 安装的版本与命令帮助

1.2.4　安装 Visual Studio Code

Visual Studio Code 是由微软开发的一个轻量且强大的代码编辑器，不仅免费开源，而且还提供相当丰富的插件。Vue 所使用的编程语言 TypeScript 也是由微软开发的，因此 Visual Studio Code 编辑器对其的支持性也比较强，这里推荐读者使用该编辑器进行开发。如果读者已经习惯了 WebStorm、Sublime 和 Nodepad 之类的软件，则可以跳过这一节直接进入下一节的内容。

关于 Visual Studio Code 编辑器，可以直接到其官方网站 https://code.visualstudio.com/ 下载安装文件进行安装，如图 1.9 所示。

Visual Studio Code 安装完毕后，可以启动它，使用它打开任意目录，也可以直接将文件夹拖入或者通过选择"文件"|"打开文件夹"的方式打开项目，如图 1.10 所示。在欢迎使用窗口中，可以清晰地看到它的方便之处，可以直接打开文件夹，也可以自定义对各种编程语言的支持，还可以根据用户的习惯设置快捷键，颜色主题也可以进行自定义。

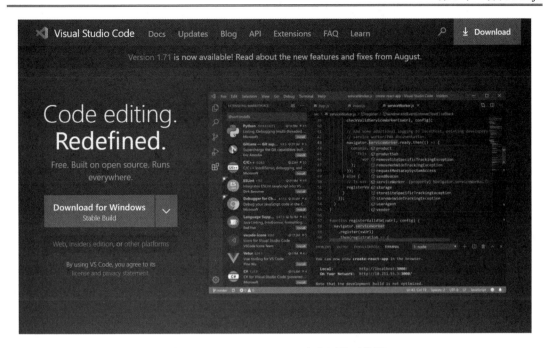

图 1.9　Visual Studio Code 官方网站下载页

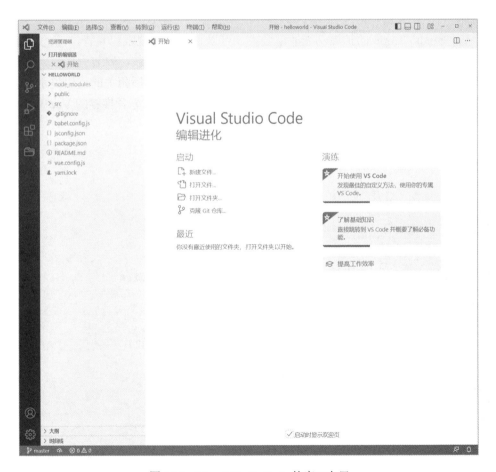

图 1.10　Visual Studio Code 的窗口布局

在键盘上分别按 Ctrl+K 和 Ctrl+T 组合键（苹果计算机上是 Command+K 和 Command+T 组合键）可以进行主题颜色设置，也可以选择安装扩展的主题颜色和扩展的图标等，如图 1.11 所示。这里为了图书印刷效果，选择了方便读者阅读的浅色主题。

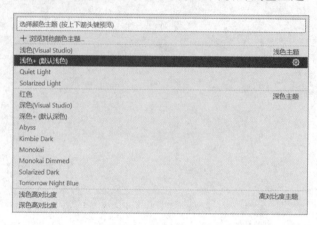

图 1.11　Visual Studio Code 的颜色主题

1.2.5　安装 Vue 辅助编码插件

Visual Studio Code 的扩展功能非常强大，可以直接进行搜索和安装。为了方便 Vue 的开发，应该选择当前最新并且评分比较高的扩展插件进行安装。安装完成后，单击"重新加载"按钮，然后刷新页面即可使用。这些扩展插件主要包括相关的代码提示等功能，可以给开发者带来一定的便利，但并不是必需的。如图 1.12 是笔者推荐的 Vue 3 的常用插件，读者根据名称搜索并安装即可。

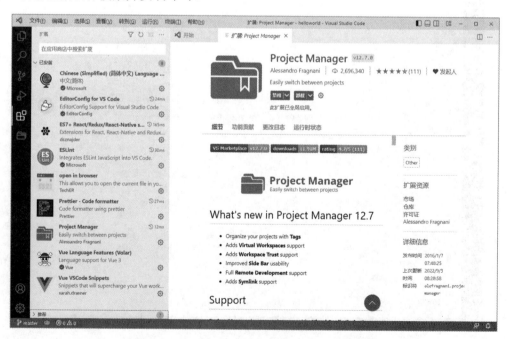

图 1.12　安装 Visual Studio Code 的 Vue 扩展

以上大部分插件安装完毕后，不需要进行操作，自动就具有代码提示等功能。也有一部分插件是手动操作，如 open in browser 插件需要使用 Alt+B 组合键启动浏览器打开 HTML 文件。

1.3　第一个 Vue 程序

开发环境搭建好之后，本节将创建第一个 Vue 程序。在接下来的内容中，我们将一步步探索 Vue 3 的强大功能和灵活性，从零开始构建一个完整的知识体系。无论初学者还是有经验的开发者，相信通过本节的学习都会有新的收获。

1.3.1　Hello Vue 实例解析

创建 Vue 项目十分方便，打开终端，使用 cd 命令进入想要创建项目的目录下，执行以下命令即可创建项目。

```
vue create hello-vue
```

笔者本地的 Vue CLI 版本是 5.0.8，输入该指令后，会提示生成 Vue 3 还是 Vue 2 项目，这里选择生成 Vue 3 项目。

接下来输入以下代码即可启动 Vue 开发服务器。

```
cd hello-vue
npm run serve
```

至此，第一个 Vue 程序运行成功，效果如图 1.13 所示。

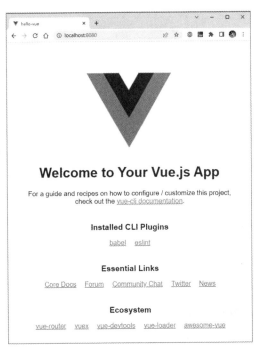

图 1.13　示例项目运行效果

1.3.2 Vue 的目录结构

Vue 安装完成后的项目目录如图 1.14 所示。

从图 1.14 中可以看出，在 hello-vue 文件夹目录下生成了很多文件与子目录，接下来按照文件的排列顺序进行讲解。

- ❑ .git/：创建 Git 仓库需要的目录。
- ❑ node_modules/：执行 npm install 后生成的文件夹，package.json 中的第三方模块将会全部安装在其中。
- ❑ pubilc/：公共资源目录，该文件夹的资源不会被 Webpack 处理，需要用绝对路径来引用。
- ❑ src/：主要代码的存放目录，后面的工作大多在这个目录下完成。
- ❑ .gitignore：Git 配置文件，会在提交时忽略不需要的文件。
- ❑ babel.config.js：babel 的配置文件，作用于整个项目。
- ❑ jsconfig.json：JavaScript 配置文件，可以用来配置默认的根路径等。
- ❑ package.json：NPM 配置文件，列出了项目使用的第三方模块。
- ❑ README.md：项目说明文档，使用 markdown 进行编写。
- ❑ vue.config.js：项目配置文件，Webpack 等大多数配置都在这里进行，参考地址为 https://cli.vuejs.org/zh/config/。
- ❑ yarn.lock：YARN 的一个配置文件，文件由 YARN 自动生成和编辑，不需要进行操作。

src 文件夹下存放的是主要的代码，接下来分析其中的文件。src 文件夹下的目录如图 1.15 所示。

图 1.14 项目文件夹目录

图 1.15 src 文件夹目录

- ❑ assets/：该目录下一般存放图片等资源文件。
- ❑ components：用于存放组件。
- ❑ App.vue：根组件，之后创建的页面都在这个节点之下。
- ❑ main.js：程序入口，createApp 方法在本文件里执行。

从图 1.15 中可以看出，文件并不多，因为这个指令生成的是最基本的项目，并没有 router 和 TypeScript 等配置。

1.3.3　使用 Vue CLI 创建项目

Vue CLI 的全名是 Vue 命令行界面，它是一个帮助开发者快速构建 Vue 集成相关工具链的工具。它可以确保各种构建工具能够基于智能的默认配置平稳衔接，这样开发者可以专注在撰写应用上，而不必纠结配置的问题。

首先来熟悉一下命令行中的各种指令。输入以下命令可以查看 Vue CLI 帮助信息，如图 1.16 所示。

```
vue help
```

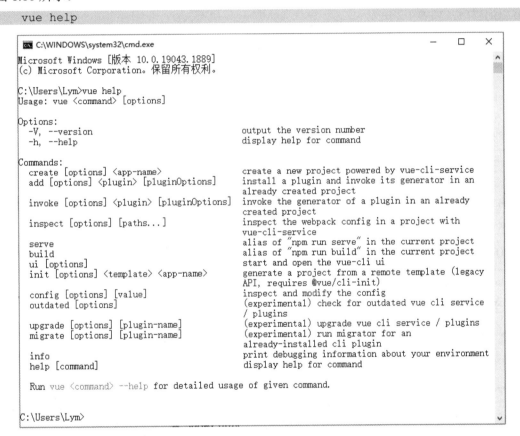

图 1.16　使用 vue help 命令查看 Vue CLI 帮助信息

- ❑ vue create：新建项目，前面创建的 hello-vue 就是用这个命令创造的。
- ❑ vue add：安装插件，相当于 npm install 和 vue invoke 命令都执行了。
- ❑ vue invoke：vue add 的子功能，用户更改插件的配置。
- ❑ vue inspect：通过 vue-cli-service 导出 Webpack 的配置到项目目录中。
- ❑ vue serve：相当于 npm run serve 命令。
- ❑ vue build：相当于 npm run build 命令。
- ❑ vue ui：可视化的图形界面，用于创建、更新和管理 Vue 项目。

❑ vue init：初始化项目，与 vue create 类似，需要详细选择不同的配置项。

❑ vue config：检查和修改配置。

❑ vue outdated：检查服务或者插件是否过期。

❑ vue upgrade：升级 cli-service 和 plugins。

❑ vue migrate：迁移已安装的插件。

❑ vue info：打印当前环境的调试信息。

❑ vue help：输出帮助信息。

vue.config.js 是一个可选的配置文件，如果项目的（和 package.json 同级的）根目录中存在这个文件，那么它会被@vue/cli-service 自动加载。当然，也可以使用 package.json 中的 vue 字段，但是注意这种写法需要严格遵照 JSON 的格式。接下来介绍 vue.config.js 的常用配置项，如表 1.2 所示。

表 1.2　vue.config.js的常用配置项

配　置　项	默　认　值	说　　　明
pubilcPath	'/'	部署应用包时的基本URL。从Vue CLI 3.3起baseURL已弃用，改用pubilcPath
outputDir	'dist'	运行npm run build/vue-cli-service build时生成的生产环境构建文件的目录
assetsDir	''	放置生成的静态资源（js、css、img、fonts）的目录
indexPath	'index.html'	指定生成的index.html的输出路径
filenameHashing	true	开关文件名哈希，可以更好地控制缓存
pages	undefined	在multi-page模式下构建应用。平时做的都是单页面应用
lintOnSave	'default'	是否在开发环境下通过eslint-loader在每次保存时自动校对代码
runtimeCompiler	false	是否使用包含运行时编译器的Vue构建版本
transpileDependencies	false	是否对所有的依赖都进行转译
productionSourceMap	true	是否需要生产环境的source map，设置为false可以加速构建，但是无法准确定位错误信息
crossorigin	undefined	设置HTML中的crossorigin属性
integrity	false	是否在生成的HTML中启用SRI，如果构建的文件部署在CDN上，那么启用该选项可以提供额外的安全性
configureWebpack	无	值是一个对象，会合并到Webpack的最终配置中
chainWebpack	无	其是一个函数，可以对内部的Webpack配置进行更细粒度的修改
css.requireModuleExtension	true	是否将所有的 *.(css|scss|sass|less|styl(us)?) 文件视为CSSModules模块
css.extract	生产环境true 开发环境false	是否将组件中的CSS提取至一个独立的CSS文件中
css.sourceMap	false	是否为CSS开启source map。设置为true之后可能会影响项目打包的速度
css.loaderOptions	{}	向CSS相关的loader传递选项
devServer.proxy	无	将API请求代理到API服务器

配　置　项	默　认　值	说　　明
pwa	无	向PWA插件传递选项
pluginOptions	无	传递任何第三方插件选项

vue.config.js 的配置是开发过程中很重要的一步，初学者一下看到这么多配置项可能会觉得乱，在后面的项目中会经常用到它们，多尝试、多使用自然就会记住了。Vue CLI 在未来可能会有改动，可以参考其最新的官方文档，网址为 https://cli.vuejs.org/zh/config/。

1.3.4　使用 Vite 创建项目

目前，Vue CLI 的官方网站处于维护模式，建议读者逐步切换到使用 Vite 来创建项目，如图 1.17 所示。

图 1.17　Vue CLI 官网

Vite 是一个快速的 Web 开发构建工具，由 Vue 核心开发团队维护，它的主要目标是提供一种快速的开发体验。Vite 提供了快速的开发服务器和即时热更新，支持 Vue、React 和 Svelte 等前端框架，它使用了原生 ES 模块来加载代码，可以显著提升构建速度。执行以下命令安装 Vite：

```
// 全局安装 Vite 的命令行
npm install vite -g

// 完成后输入以下代码查看版本号，验证是否安装成功
vite -v
```

安装完成后，使用 create-vue 创建 Vite 项目。直接使用 NPM 命令即可创造 Vite 项目，代码如下：

```
npm create vue@3
```

命令成功运行窗口如图 1.18 所示。

```
C:\Windows\System32\cmd.exe                                    —    □    ×

Vue.js - The Progressive JavaScript Framework
√ Project name: ... components
√ Add TypeScript? ... No / Yes
√ Add JSX Support? ... No / Yes
√ Add Vue Router for Single Page Application development? ... No / Yes
√ Add Pinia for state management? ... No / Yes
√ Add Vitest for Unit Testing? ... No / Yes
√ Add an End-to-End Testing Solution? » No
√ Add ESLint for code quality? ... No / Yes

Scaffolding project in E:\workspace\Vue3Example\Section6\components...

Done. Now run:

  cd components
  npm install
  npm run dev
```

图 1.18　create-vue 命令运行窗口

根据提示，输入项目名、是否需要 TypeScript、JSX 等配置后，即可完成项目的创建，方式与 Vue CLI 十分相似。Vite 的优势就在于其可以极大地提高构建速度。在学习阶段使用 Vue CLI 完全没有问题，但是未来的项目开发可能会逐渐转为 Vite，因此读者有必要对 Vite 有一些了解。

1.3.5　使用 CDN 创建项目

新建一个文件 cdn.html，用于展示不使用构建工具，使用 CDN 来加载 Vue。用 VSCode 打开 cdn.html 并输入 html:5，会自动生成一段 HTML 5 的空白模板代码，如图 1.19 所示。

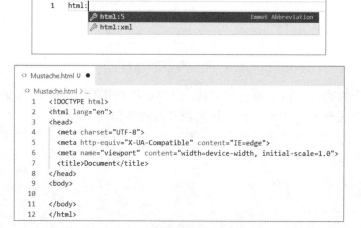

图 1.19　生成 HTML 5 空白模板代码

接下来在 head 标签中引入 CDN，并在 body 标签中输入以下代码。

```
...
<!-- 引入 Vue 3 的脚本 -->
<script src="https://unpkg.com/vue@3"></script>
...
<!-- 在页面主体部分 -->
```

```
<body>
  <!-- 创建一个 ID 为"app"的 div 元素, 其将在 Vue 应用中使用 -->
  <div id="app">{{ message }}</div>
  <script>
    // 从 Vue 中解构出 createApp 函数
    const { createApp } = Vue
    // 创建一个 Vue 应用
    createApp({
      // data 函数, 用于定义应用中的数据
      data() {
        return {
          message: 'Hello Vue!',
        }
      },
    }).mount('#app')
  </script>
</body>
...
```

接下来右击鼠标, 在弹出的快捷菜单中选择 Open in Default Browser 命令运行代码, 如图 1.20 所示 (如果没有这个选项, 请参考 1.2.5 节的内容)。可以看到, 在浏览器中已经出现了 Hello Vue, 如图 1.21 所示。这种方式比较简单易懂, 因此在后面的章节中主要通过 CDN 来进行代码的编写。

图 1.20　Open in Default Browser 命令

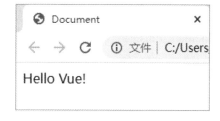

图 1.21　浏览器的显示效果

1.3.6　如何高效地学习 Vue

在学习 Vue 的过程中, 首先, 需要了解 Vue 的基本概念和语法, 包括 Vue 的核心概念、组件化思想及指令等基础内容。这些内容可以通过阅读 Vue 3 的官方文档和相关教程来学习。

其次, 完整掌握 Vue 的生命周期、组件和指令等进阶内容。这些内容的学习可以通过阅读 Vue 3 的官方文档和相关教程来完成。同时还可以通过阅读其他人的 Vue 3 项目代码来学习更多的编程技巧和实践经验。建议使用 Vue 3 搭建一些小型的项目, 这样可以更加熟悉 Vue 3 的应用。在实践操作中肯定会遇到一些问题, 这些问题可以通过查阅官方文档和其他人的代码来解决。

最后, 深入阅读 Vue 的源码, 从底层了解其实现原理, 这样可以更加深入地理解 Vue, 并且可以提高代码调试和排错能力。另外, 建议了解一些周边的生态工具, 如 Vuex 和 Vue Router 等, 这些工具可以帮助开发者更好地应用 Vue。

　　总之，Vue 的学习属于上手容易，精通困难，进行简单的学习之后就可以开发出一些应用，但是想熟练掌握还是需要费一些功夫的。跟着本书或者网上的 Demo 多动手练习，写的代码多了自然就熟练了。此外，要多花费精力形成自己的知识结构体系，知道 Vue 的各个模块是如何配合工作的，这样学习起来才能事半功倍。

1.4　丰富的界面体验：探索 Vue UI 库

　　Vue 提供了一个方便的框架用于编写业务逻辑。同样，了解 Vue 中流行的 UI 框架在日常开发中也是非常有必要的。一个优秀的框架不仅提供了吸引用户的页面风格，还可以显著提高开发效率，使开发人员能够更专注于业务开发，而不必在 UI 和 CSS 方面花费过多精力。本节将介绍一些常见的 UI 框架。

1.4.1　构建精美的界面：Element-Plus 库简介

　　Element-Plus 是"饿了么"的前端团队开源出品的一套为开发者、设计师和产品经理准备的组件库，提供了配套设计资源，帮助网站开发工作快速成型。可以说 Element-Plus 是 Vue 开发者一定要掌握的框架。如果读者开发过 Vue 2，那么一定听说过 Element-UI，这个框架可以说是 Vue 开发者使用率最高的 UI 框架了，而这个 Element-Plus 就是 Element-UI 的 Vue 3 版本。

　　Element-Plus 的官方网址为 https://element-plus.org/zh-CN/，如图 1.22 所示。

图 1.22　Element-Plus 的官方网站

1.4.2　借助 Ant Design Vue 进行快速开发

Ant Design 作为一门优秀的设计语言，经历过多年的迭代和发展，它的 UI 设计已经有了一套别具一格的风格，截止到目前，在 GitHub 上 Ant Design Vue 已经有 8 万余颗星，可以说是 React 开发者手中的神兵利器。作为 Ant Design 的 Vue 实现，Ant Design Vue 不仅继承了 Ant Design 的设计思想和极致体验，而且结合了 Vue 框架的优点和特性。Vue 3 上的 Ant Design 包更小、更轻并且支持 SSR。Ant Design 拥有成熟的复杂组件，如数据表、统计框、pop 确认、模态和弹出窗口等。

Ant Design 的官方网址为 https://www.antdv.com/docs/vue/introduce-cn，如图 1.23 所示。

图 1.23　Ant Design Vue 的官方网站

1.4.3　打造轻巧的应用：认识 Vant 3 组件库

Vant 系列是有赞出品的开源移动 UI 组件库，基于 Vue 3 重构发布了 Vant 3。Vant 系列在移动端的地位相当于桌面端的 Element，是非常流行的一款 UI 组件库，经过一段时间的迭代，Vant 目前的版本已经非常稳定了。Vant 是一个轻量级的框架，性能极佳，其一共有 70 多个高质量组件，能覆盖移动端的主流场景，组件平均体积小于 1KB。不仅如此，Vant 还同时支持 Vue 2、Vue 3 和微信小程序。

Vant 3 的官方网址为 https://vant-ui.github.io/vant/#/zh-CN，如图 1.24 所示。

1.4.4　跨平台开发利器：uni-app 框架简介

uni-app 不能说是一个 UI 框架，但是在业内还是拥有很多受众的，因此有必要了解一下它。uni-app 是一个使用 Vue 开发所有前端应用的框架，一套代码可以发布到 iOS、

Android、Web 和小程序等平台上，类似于 ionic。它的页面文件遵循 Vue 的单文件组件规范，组件标签规范类似于微信小程序。总之，这种一套代码发布多平台的框架，还是比较受欢迎的。

uni-app 的官方网址为 https://zh.uniapp.dcloud.io/，如图 1.25 所示。

图 1.24　Vant 3 的官方网站

图 1.25　uni-app 的官方网站

1.5　小　　结

本章主要介绍了 Vue 框架的背景和历史，以及如何编写第一个 Vue 程序。除此之外，本章还列举了 Vue 项目的目录结构和 Vue CLI 的使用方法，方便读者快速查阅。在接下来的章节中，读者将逐步学习 Vue 框架的各个部分。

本书注重实战，因此不会在框架的介绍上花费过多篇幅。后续章节将通过大量的实例和代码演示，帮助读者快速掌握 Vue 框架的应用。正如 Linus Torvalds 所言："Talk Is Cheap, Show Me The Code."，笔者也认为实践比概念更重要。

第 2 章　TypeScript 基础知识

2022 年 5 月 31 日，The Software House 发布了一份 2022 前端行业报告"State of Frontend 2022"。其中有一项关于 TypeScript 的调查显示，2022 年使用 TypeScript 的前端开发者占比上升到了 84.1%，如图 2.1 所示。可以说这些年随着前端技术的发展，TypeScript 所处的地位越来越重要。为什么它会如此火热呢？因为 TypeScript 依托于微软的官方支持，而且它完全兼容 JavaScript。

TypeScript 是 JavaScript 的一种超集，兼容 JavaScript 的所有语法，并提供了额外的静态类型系统、类和接口等特性。这些额外的特性使得 TypeScript 的代码变得更加易读和易维护，并可以在编译时发现一些编码错误。

与 JavaScript 不同，TypeScript 要求声明变量类型，并使用类型检查进行静态类型检查。这可以在编码过程中帮助开发人员发现问题，减少错误，并提高代码质量。TypeScript 还提供了一些高级语法，如类、接口和泛型等，使得编写大型应用程序更加容易。此外，TypeScript 还支持 ES 6 和 ES 7 等最新的 JavaScript 语法，并且可以编译为兼容性更好的 JavaScript 代码。

总体而言，TypeScript 是一种强类型的编程语言，提供了一些额外的静态类型系统、高级语法和工具，使得开发大型应用程序更加容易和高效。希望读者通过本章的学习可以加深对 TypeScript 的理解。

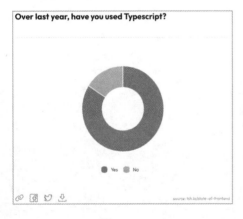

Company type	Typescript	
	Not using TypeScript	Using TypeScript
Not provided	32.67%	67.33%
Government organization	19.35%	80.65%
Non-tech-first company	19.21%	80.79%
Software development company / developer agency	12.93%	87.07%
Tech-first / digital-first company	12.16%	87.84%

图 2.1　The Software House 2022 前端报告 TypeScript 部分截图

本章涉及的主要内容点如下：
- ❏ TypeScript 简介；
- ❏ 基础数据类型；
- ❏ 函数；
- ❏ 类；

❑ 泛型；

❑ 交叉类型与联合类型。

2.1　TypeScript 简介

TypeScript 作为 JavaScript 的超集，添加了可选的静态类型和基于类的面向对象编程。TypeScript 是由微软公司的 Anders Hejlsberg 主导开发的，并于 2013 年 6 月 19 日正式发布。TypeScript 是一门开源的编程语言，众多的开发者都在为完善这个项目而努力，公用项目地址为 https://github.com/Microsoft/TypeScript。

对于有 JavaScript 基础的读者来说，虽然入门 TypeScript 很容易，只需要简单掌握其基础的类型系统就可以轻松上手，但是当应用越来越复杂时，容易把 TypeScrip 写成 AnyScript（即大量地把变量设置为 any 类型）。因此，想要完全掌握 TypeScript 的特性，还是需要进行系统化的学习。

2.1.1　动态语言与静态语言

在学习 TypeScript 之前，先了解一下动态类型语言和静态类型语言的基本概念。

1．动态类型语言

动态类型语言在运行期才进行类型检查。其主要优点在于可以少写很多类型声明代码，更自由并且易于阅读。JavaScript 就是一门动态类型语言。

2．静态类型语言

静态类型语言在编译期就会进行数据类型检查。其主要优点在于类型的强制声明，使得 IDE 有很强的代码感知能力，能在早期发现一些问题，方便调试。TypeScript 就是一门静态类型语言。

总之，动态类型语言和静态类型语言各有优势，它们的主要区别就是适合的使用场景不同，没有必要在哪个更好上进行争论。

2.1.2　搭建开发环境

本节搭建一套开发环境，以方便运行 TypeScript 练习代码。接下来笔者会介绍两种方案，读者自行选择一种即可。

1．通过在线网站运行

如果计算机可以连接互联网，推荐使用 TypeScript 官方网站的演练场功能直接运行，网站地址是 https://www.typescriptlang.org/zh/play，如图 2.2 所示。

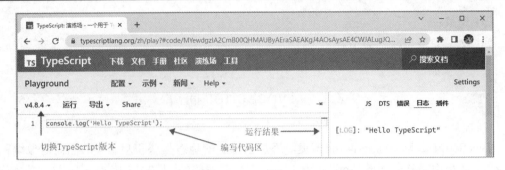

图 2.2　在线直接运行 TypeScript 代码

从图 2.2 中可以看到，这个网站的功能简单、明了，开箱即用，还支持切换 TypeScript 版本，不想折腾的话直接打开就可以进行下一小节的练习了。

2. 使用ts-node在本地运行

如果读者的动手能力比较强，那么可以自己搭建一套本地环境。输入以下代码使用 NPM 进行安装。

```
npm install -g typescript
npm install -g ts-node
```

第一个命令安装的是 TypeScript，第二个命令安装的是 TypeScript 的 Node.js 运行环境。安装完成后可以输入以下代码检查版本号，如图 2.3 所示。

```
tsc --version
ts-node --version
```

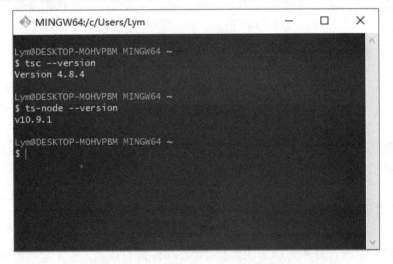

图 2.3　查看当前操作系统安装的 TypeScript 和 ts-node 版本

运行代码的方式也很简单，新建一个 test.ts 文件并在其中输入一行测试代码。

```
console.log('Hello TypeScript');
```

之后使用命令行进入 test.ts 文件目录并使用 ts-node 运行该文件。

```
ts-node test.ts
```

运行成功后的效果如图 2.4 所示。

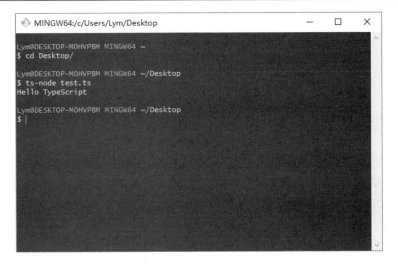

图 2.4　使用 ts-node 运行本地的 TypeScript 文件

如果在运行过程中报出如图 2.5 所示的错误，那么可能是因为新版 TypeScript 缺少运行依赖包，可以输入以下代码安装@types/node 予以解决。

```
npm i -g tslib @types/node
```

图 2.5　缺少运行依赖包报错

运行以上命令后，会在当前目录下生成 node_module 文件夹和 package-lock.json 文件，如图 2.6 所示。建议把要运行的代码单独放一个文件夹内，避免文件过多产生混乱。

如果运行困难，又不希望下载这么多的依赖文件，可以安装旧版的 TypeScript，则不需要安装@types/node 也可以运行。执行以下代码，可以退回到指定的版本。

```
npm i -g ts-node@8.5.4
```

笔者已经测试过，8.5.4 版本可以直接运行.ts 文件。虽然缺少一些新特性，但是练习使用也足够了。

图 2.6 执行命令后所生成的新文件

☎提示：ts-node 工具主要依赖的是 Node.js，让代码可以脱离浏览器运行，它的作用是将 TypeScript 代码编译为 JavaScript 代码。

2.2 基础数据类型

无论学习哪一种编程语言，首要任务都是掌握数据类型。在 TypeScript 中，有多种数据类型需要了解。本节将着重介绍 TypeScript 中常用的数据类型，并为每种类型提供相关的示例代码。为确保内容的连贯性和易懂性，本节的实例代码将着重讲解各种常用数据类型的使用方法。如果读者在运行代码时遇到报错情况，可下载配书代码，将其复制并粘贴到相应的运行环境下进行调试。

2.2.1 布尔类型

与其他编程语言一样，在 TypeScript 中，布尔类型的值为 true 和 false，分别代表真和假。

下面的示例定义一个布尔类型变量，赋值为 false 并输出。

```
// 声明一个布尔类型变量
let isDog: boolean = false;
console.log(isDog);

// 输出结果: false
```

注意，代码中的 ": boolean" 就是为变量定义数据类型，语法是冒号后面跟要设置的数据类型，所有的数据类型都是通过这种方式设置的。

2.2.2 数字类型

TypeScript 中的数字类型都是浮点数，因此整数可以直接与带小数点的数字进行运算。
下面的示例定义两个数字类型变量，分别赋值整数与浮点数进行相加。

```
// 声明两个数字类型变量
let num1: number = 10;
let num2: number = 5.5;
console.log(num1 + num2);

// 输出结果: 15.5
```

虽然 TypeScript 分了各种数据类型，但是并没有把数字像其他静态语言一样拆成类似 int、float、double 来区分整数和小数，而是直接使用 number 类型，整数和小数可以直接进行加、减、乘、除。

2.2.3　字符串类型

TypeScript 中的字符串类型使用单引号与双引号来表示，并且支持 ES 6 的反引号"'"来操作。

下面的示例分别用单引号和双引号定义两个字符串类型变量，第三个字符串使用反引号拼接输出。

```
// 声明两个字符串类型变量
let str1: string = 'Hello';
let str2: string = "TypeScript";
// 拼接 str1 与 str2
let str3: string = '${str1} ${str2}!';
console.log(str3);

// 输出结果：Hello TypeScript!
```

2.2.4　数组类型与元祖类型

在 TypeScript 中定义数组的方式有两种，元祖类型实质上也是数组类型，只是允许数组添加不同类型的值。

下面的示例分别使用不同的方式初始化一个新的数组，并示范如何创建元祖类型数组。

```
// 元素类型后接中括号
let arr1: number[];

arr1 = [1, 2, 3];                       // 正确赋值
arr1 = ['a', 'b', 'c'];                 // 错误赋值

// 使用数组泛型，Array<元素类型>
let arr2: Array<number> = [1, 2, 3];


// 定义元组类型
let arr3: [string, number];

arr3 = ['张三', 18];                    // 正确赋值
arr3 = [18, '张三'];                    // 错误赋值
```

如果给数组或元祖类型传入非定义类型的值，则编译器会直接报错。

2.2.5　枚举类型

为了防止代码出现过多的魔力数字（magic number，通常指缺乏解释或命名的独特数值），因此枚举类型的存在是十分必要的。与其他语言类似，在 TypeScript 中，默认情况下

从 0 开始编号，也可以手动指定成员数值。

下面的示例定义两组枚举并以不同方式指定数值。

```
// 指定第一个
enum Color {Red = 1, Green, Blue}
console.log('Red=' + Color.Red);
console.log('Green=' + Color.Green);
console.log('Blue=' + Color.Blue);

// 输出结果：Red=1  Green=2  Blue=3

// 全部指定
enum Animal {Dog = 2, Cat = 4, Bird = 5}
console.log('Dog=' + Animal.Dog);
console.log('Cat=' + Animal.Cat);
console.log('Bird=' + Animal.Bird);

// 输出结果：Dog=2 Cat=4 Bird=5

// 通过数值获取定义名
console.log('2=' + Animal[2]);
console.log('4=' + Animal[4]);
console.log('5=' + Animal[5]);

// 输出结果：2=Dog 4=Cat 5=Bird
```

枚举的功能还是十分强大的，不仅可以通过名字获取数值，反过来也是可以实现的。掌握枚举类型，可以更好地编写代码。

2.2.6　any 类型

any 类型实际上相当于移除了类型检查，它允许像 JavaScript 一样赋值任意类型。

下面的示例定义一个 any 类型变量，先赋值为数字类型的 18，后赋值为字符串类型的 eighteen，最后进行输出。

```
// 声明一个 any 类型变量
let age: any = 18;
// 跨类型修改值
age = 'eighteen';
console.log(age);

// 输出结果：eighteen
```

2.2.7　void 类型

void 类型的意思就是没有类型。对于变量来说 void 类型只能赋值 undefined 和 null，而当函数返回值为空时通常可以省略，因此用处不大。

void 类型的使用示例如下：

```
// undefined
let unusable: void = undefined;

// 返回值为空
```

```
function someFunction(): void {}
// 通常省略
function someFunction() {}
```

2.2.8　null 与 undefined 类型

null 与 undefined 其实都有自己的类型，只是它们和 void 一样作用并不大。null 和 undefined 是所有类型的子类型，除非指定了--strictNullChecks 标记，才能让它们只能赋值给自己。

null 与 undefined 类型的使用示例如下：

```
// 声明一个变量 A，其类型为 undefined，赋值为 undefined
let A: undefined = undefined;

// 声明一个变量 B，其类型为 null，赋值为 null
let B: null = null;
```

2.2.9　never 类型

never 表示不可能存在的值的类型。never 类型通常用于那些会导致错误或抛出异常而永远不会正常返回的函数的返回值类型。

例如，当函数内部抛出异常或包含无限循环时，函数将永远不会正常返回结果，这时可以将其返回类型标注为 never。

never 类型的使用示例如下：

```
// 函数内部抛出异常，返回类型标注为 never
function throwError(message: string): never {
  throw new Error(message);
}

// 无限循环，返回类型标注为 never
function infiniteLoop(): never {
  while (true) {
    // Do something indefinitely
  }
}
```

2.3　函　　数

在 TypeScript 中，函数的概念十分重要，TypeScript 的函数可以使用静态类型进行声明。这意味着在定义函数时，必须声明函数的参数类型和返回类型。TypeScript 对 JavaScript 中的函数增加了更多很方便的功能，对开发效率的提升十分显著。

2.3.1　函数的使用

与 JavaScript 一样，TypeScript 可以创建带名称的函数和匿名函数。下面展示这两种函数的使用方法。

void 类型的使用示例如下：

```
function addNumber(a: number, b: number) {
  return a + b;
}
console.log(addNumber(1, 2));

// 输出结果：3

let addString = function (a: string, b: string) {
  return a + b;
};
console.log(addString('Hello', 'TypeScript'));

// 输出结果：HelloTypeScript
```

2.3.2　构造函数

构造函数是一种特殊的函数，主要用于创建对象时初始化对象，常与 new 运算符一起使用。TypeScript 的构造函数用关键字 constructor 来实现，可以通过 this 来访问当前类的属性和方法。

下面的示例创建一个简单的构造函数，然后用该函数初始化一个新对象并输出。

```
class Student {                                  // 定义 Student 类
  name: string;                                  // 定义类的属性 name
  age: number;                                   // 定义类的属性 age
  constructor(name: string, age: number) {       // 定义构造函数
    this.name = name;
    this.age = age;
  }
}

let stu = new Student('张三', 18);
console.log('name=' + stu.name + ' age=' + stu.age);

// 输出结果：name=Wang Cai age=2
```

2.3.3　可选参数

TypeScript 支持给函数设置可选参数，只要在参数后面增加问号标识即可实现。

下面的示例新建一个带有可选参数的函数，并进行可选传值测试。

```
function add(a: number, b?: number) {
  if (b) {
    return a + b;
  } else {
    return a;
  }
}

console.log(add(3, 2));

// 输出结果：5
```

```
console.log(add(3));

// 输出结果：3
```

☎ 提示：使用可选参数时，有一个规则需要注意，就是必选参数不能位于可选参数之后，
错误的使用将会导致编译报错。

2.3.4　默认参数

TypeScript 同样支持给函数设置默认参数，只要在参数声明后用等号进行赋值即可。
下面的示例新建一个带有默认参数的函数，并进行默认传值测试。

```
function add(a: number, b: number = 5) {
  if (b) {
    return a + b;
  } else {
    return a;
  }
}

console.log(add(3, 2));

// 输出结果：5

console.log(add(3));

// 输出结果：8
```

2.3.5　箭头函数

在 JavaScript 中，this 的作用域是一个常见的问题，注意看下面这个例子。

```
const Person = {
  'name': '张三',
  'printName': function () {
    let fun = function () {
      return '姓名：' + this.name;
    };
    return fun();
  }
};
console.log(Person.printName());

// 输出结果：姓名：undefined
```

遇到这种问题时，通常先声明一个变量 self，在函数外部先绑定正确的 this，在函数内
部再通过 self 调用 name 属性，示例如下：

```
const Person = {
  'name': '张三',
  'printName': function () {
    let self = this;
    let fun = function () {
      return '姓名：' + self.name;
```

```
    };
    return fun();
  }
};
console.log(Person.printName());
```

// 输出结果：姓名：张三

箭头函数提供了另一种方便的解决方案，它的内部的 this 是词法作用域，因此不需要再进行多余的操作。

使用箭头函数解决 this 作用域问题示例如下：

```
const Person = {
  'name': '张三',
  'printName': function () {
    let fun = () => {
      return '姓名：' + this.name;
    };
    return fun();
  }
};
console.log(Person.printName());
```

// 输出结果：姓名：张三

使用上面这种方式不仅使代码更加精简、清晰，便于阅读，而且也规避了一些可能会出现的错误。

2.4　类

类（Class）是面向对象编程（Object Oriented Programming）中的一种抽象数据类型，用于描述一组具有相同属性和方法的对象。类是对象的模板，对象是类的实例。不同于 JavaScript 使用函数和基于原型的继承，在 TypeScript 中是基于类的继承并且对象是由类构建出来的。

2.4.1　属性与方法

在 TypeScript 中创建属性的方法与 JavaScript 类似，一般变量使用 let、常量使用 const 进行创建。变量类型在变量名后面加冒号声明，可以省略。TypeScript 中的方法则需要创建在类中，默认为 public，返回值是在方法名后面加冒号声明，如果无返回值则可以省略或写为 void。

属性与方法的使用示例如下：

```
// 属性示例
let name1: string = '张三';
let name2 = '张三';
const name3 = '张三';

// 方法示例
class User {
```

```
  getUserName(): string {
    return '张三';
  }
}
let user = new User();
console.log(user.getUserName());

// 输出结果：张三
```

2.4.2　类的继承

TypeScript 中类的继承是通过 extends 关键字实现的，派生类通常被称为子类，基类通常被称为父类，子类中使用 super 关键字来调用父类的构造函数和方法。

下面的示例简单演示 TypeScript 中类的继承的使用。

```
// 定义一个名为 Person 的类
class Person {
  name: string;
  constructor(name: string) {
    this.name = name;
  }
}

// 定义一个名为 Student 的类，继承自 Person
class Student extends Person {
  constructor(name: string) {
    super(name);
  }
}

// 创建一个名为 stu 的 Student 类的实例，传入'张三'作为名字参数
let stu = new Student('张三');
console.log(stu.name);

// 输出结果：张三
```

在这个例子中 Student 类继承了 Person 类，并在构造函数中调用了父类的构造函数，最终输出父类的属性 name。

2.4.3　类的实现接口

实现（Implement）是 TypeScript 中的重要概念，一般用于实现接口（Interface）。通常一个类只能继承自另一个类，有时候不同类之间可以有一些共有的特性，这时候就可以把特性提取成接口。当一个类实现了某个接口时，它就必须实现该接口中定义的所有属性和方法。这有助于确保类具有所需的结构和行为，并且可以在编译时发现实现错误。

下面的示例简单演示 TypeScript 中的类的实现接口。

```
// 定义一个接口 Student
interface Student {
  sayHello(): void;
}

// 定义一个类 People，实现了接口 Student
```

```
class People implements Student {
    sayHello() {
        console.log('你好');
    }
}

// 创建一个名为 stu 的 People 类的实例
let stu = new People();
// 调用 stu 实例的 sayHello 方法
stu.sayHello();

// 输出结果：你好
```

本例首先定义 Student 接口并声明了 sayHello 方法。在 People 类中实现了 Student 接口的 sayHello 方法，最后新创造一个对象并调用了 sayHello 方法。

2.4.4　权限修饰符

与众多的编程语言一样，TypeScript 有自己的权限修饰符 public、private、protected 和 readonly，接下来分别举例讲解不同权限修饰符的用法。

1. public

在 TypeScript 中，public 是默认修饰符，表示任何地方都可以访问使用。
public 修饰符的使用示例如下：

```
// 定义一个类 Student
class Student {
  // 声明一个公共（public）实例变量 name，类型为 string
  public name: string;
  constructor(name: string) {
      this.name = name;
  }
}

// 创建一个名为 stu 的 Student 类的实例，传入"张三"作为名字参数
let stu = new Student("张三");
console.log(stu.name);

// 输出结果：张三
```

2. private

使用 private 指定的成员是私有的，只能在当前类中访问。
private 修饰符的使用示例如下：

```
// 定义一个类 Student
class Student {
  // 声明一个私有（private）实例变量 name，类型为 string
  private name: string;
  constructor(name: string) {
      this.name = name;
  }
}
```

```
// 创建一个名为 stu 的 Student 类的实例, 传入"张三"作为名字参数
let stu = new Student("张三");
console.log(stu.name);

// 输出结果: 错误: 'name'是私有属性
```

3. protected

使用 protected 指定的成员是受保护的, 只能在当前类和子类中访问。修改前面类继承的例子, 增加一个 protected 修饰符, 根据输出结果可以看到仍然可以访问。

protected 修饰符的使用示例如下:

```
// 定义一个类 Person
class Person {
  // 声明一个受保护 (protected) 的实例变量 name, 类型为 string
  protected name: string;
  constructor(name: string) {
     this.name = name;
  }
}

// 定义一个类 Student, 继承自 Person
class Student extends Person {
  constructor(name: string) {
     super(name);
  }
}

// 创建一个名为 stu 的 Student 类的实例, 传入'张三'作为名字参数
let stu = new Student('张三');
console.log(stu.name);

// 输出结果: 张三
```

4. readonly

readonly 用于修饰属性或者字段。它表示该属性或字段是只读的, 不能在任何地方修改。

private 修饰符的使用示例如下:

```
// 定义一个类 Student
class Student {
  // 声明一个只读 (readonly) 实例变量 name, 类型为 string
  readonly name: string;
  constructor(name: string) {
     this.name = name;
  }
}

// 创建一个名为 stu 的 Student 类的实例, 传入"张三"作为名字参数
let stu = new Student("张三");
console.log(stu.name);
// 输出结果: 张三
stu.name = "李四";
// 错误: Cannot assign to 'name' because it is a read-only property
```

2.5　泛　　型

在构建自己的项目时，使用的组件不仅要考虑当前的数据类型，而且应该支持未来可能会加入的数据类型，这样在开发大型系统时才会更加灵活，复用性更高。很多初学者认为自己的实力不足，没有机会自己来构建项目。其实，只要努力提高自己的技能，积极工作，总会有机会负责一个项目，这时候就需要从复用性等架构层面来思考问题，而泛型的出现就是用来解决这个问题的。一个组件可以支持多种类型的数据，这样用户就可以以自己的数据类型来使用组件。

2.5.1　泛型示例

首先创造一个简单的示例。假设现在需要一个 getValue 函数，用来返回传入值。如果传入值是 number 类型，那么代码就是这样的：

```
// 定义一个函数 getValue，接收一个 number 类型的参数 arg，返回一个 number 类型的值
function getValue(arg: number): number {
    return arg;
}

let output = getValue(123);
console.log(output)

// 输出结果: 123
```

可是这样会产生一个问题，因为声明的类型是 number，所以传入其他类型的参数就会提示错误。为了解决这个问题，把代码修改为如下：

```
// 定义一个函数 getValue，接收一个 any 类型的参数 arg，返回一个 any 类型的值
function getValue(arg: any): any {
    return arg;
}

let output = getValue("Hello");
console.log(output)

// 输出结果: "Hello"
```

现在类型问题解决了，但是带来了一个新的问题。使用 any 类型虽然可以让这个函数正常工作，但是无法知道传入类型和返回类型是否相同。这句话可能不太好理解，简单来说，如果传入一个 number 类型且返回值声明的是 any，那么无法确定返回的就是 number 类型。这时候就需要使用类型推论做第二次优化。

在下面的示例中演示如何使用类型推论来解决上述问题。

```
// 定义一个泛型函数 getValue，使用类型参数 T，接收一个参数 arg，返回与传入参数相同的值
function getValue<T>(arg: T): T {
    return arg;
}

let output = getValue("Hello");
console.log(output)
```

```
// 输出结果："Hello"
```

本示例给函数添加了类型变量 T，编译器会根据传入的参数自动确定 T 的类型，然后把这个类型设置给返回值，这样就可以确定参数类型与返回值类型是相同的了。T 这个字母表示 Type 的意思，因此使用频率最高。当然用其他有效名称代替也是可以正常运行的。

有的读者可能会疑惑，这不是跟上个例子的结果一样吗？用 any 应该更方便。在简单的代码结构中看起来确实是这样的，不过项目的复杂度一旦提高，上述的类型推论（Type Inference）功能可以帮助开发者推断变量的类型，规避潜在的问题。用 TypeScript 的目的就是在大型项目中提高类型的预知并降低出现 bug 的概率。如果大量使用 any，那么就失去使用 TypeScript 的意义了。

2.5.2　泛型接口

TypeScript 的泛型接口可以用来定义可以适用于多种类型的接口，该接口可以在不必明确类型的情况下定义复杂的数据结构。

泛型接口示例如下：

```
// 定义一个接口 Student，使用类型参数 T 和 U
interface Student<T, U> {
  name: T,
  age: U
}

// 定义一个泛型函数 getStudentInfo，使用类型参数 T 和 U
function getStudentInfo<T, U> (name: T, age: U): Student<T, U> {
  let studentInfo: Student<T, U> = {
    name,
    age
  };
  return studentInfo;
}

console.log(getStudentInfo("张三", 18));

// 输出结果：{ "name": "张三", "age": 18 }
```

本示例首先定义一个名为 Student 的泛型接口，该接口接收两个类型变量 T 和 U，并定义了两个属性。然后在 getStudentInfo 函数内部创建一个 studentInfo 对象，该对象符合 Student 接口的定义，并通过接收的参数进行初始化。最后输出姓名和年龄信息。

2.5.3　泛型类

TypeScript 的泛型类是带有一个或多个类型变量的类，其可以用来创建适用于多种类型的类。

泛型类示例如下：

```
// 定义一个类 Student，使用类型参数 T
class Student<T> {
```

```
    // 声明一个实例变量 age，类型为 T
    age: T
    constructor(age: T) {
        // 在构造函数中初始化 age 属性
        this.age = age
    }
    getAge(): T {
        // 返回 age 属性的值
        return this.age
    }
}

const myNumberClass1 = new Student<Number>(15);
console.log(myNumberClass1.getAge());
// 输出结果：15

const myNumberClass2 = new Student<string>("15");
console.log(myNumberClass2.getAge());
// 输出结果："15"
```

本示例定义一个 Student 的泛型类，并在构造函数中给 age 属性赋值。getAge 方法用来返回类的 age 属性。分别传入 number 和 string 类型的初始化参数，就可以得到不同类型的返回值了。

2.5.4　泛型约束

在函数内部使用泛型变量的时候，由于事先不知道它是哪种类型，所以不能随意操作它的属性或方法。尝试输入以下代码：

```
// 定义一个泛型函数 getValue，使用类型参数 T
function getValue<T>(value: T): T {
    console.log(value.length);
    return value;
}

// 报错信息：Property 'length' does not exist on type 'T'.
```

很显然，由于编译器不确定 T 类型是否有 length 属性，所以直接报错。因此很有必要对泛型进行约束，如只允许这个函数传入包含 length 属性的变量。

泛型约束示例如下：

```
// 定义一个接口 Lengthwise，具有一个 length 属性
interface Lengthwise {
    length: number;
}

// 定义一个泛型函数 getValue，使用类型参数 T，受限于接口 Lengthwise
function getValue<T extends Lengthwise>(value: T): T {
    console.log(value.length);
    return value;
}

getValue('abcde')
// 输出结果：5
getValue(true)
```

```
// 报错信息：Argument of type 'boolean' is not assignable to parameter of type
'Lengthwise'
```

上面的这段代码比较容易理解，字符串类型有长度，所以输出 5；布尔类型没有长度，所以会报错。

2.6　交叉类型与联合类型

要掌握 TypeScript 的知识点，除了 2.2 节介绍的基础类型外，还有必要了解它的高级类型。高级类型包含交叉类型（Intersection Types）和联合类型（Union Types），本节会分别介绍这两个高级类型的用法及它们的异同点，帮助读者在日后的开发中准确选择应该使用的类型。

2.6.1　交叉类型

交叉类型是指将多个类型合并为一个类型。这样的类型具有所有输入类型的特征，并且它们的实例可以同时具有多个类型的所有属性和方法。

语法：type IntersectionType = TypeA & TypeB，可以使用 & 运算符合并多个类型。

交叉类型示例如下：

```
// 定义一个接口 Person，具有 name 属性和 age 属性
interface Person {
  name: string;
  age: number;
}

// 定义一个接口 Student，具有 studentId 属性和 score 属性
interface Student {
  studentId: string;
  score: number;
}

// 使用交叉类型（&）创建一个新的类型 PersonStudent
// 包含 Person 和 Student 的属性
type PersonStudent = Person & Student;

// 创建一个名为 personStudent 的对象，类型为 PersonStudent
const personStudent: PersonStudent = {
  name: '张三',
  age: 18,
  studentId: '01',
  score: 100
};
```

在本示例中使用了交叉类型创建一个名为 PersonStudent 的新类型，该类型具有 Person 和 Student 两种类型的所有特性。

这种方法非常适合多种类型的合并，它允许合并多个类型以更好地描述一个特定的对象，并且可以确保该对象具有所需的所有属性和方法。

2.6.2　联合类型

联合类型表示一个值可以是几种类型之一。使用联合类型，可以将多种类型的值合并为一个类型。

语法：type Union Types = TypeA | TypeB，可以使用 | 运算符合并多个类型。

联合类型示例如下：

```
// 定义一个名为 test 的变量，类型为 string 或 number
const test: string | number = 'hello';
test = 123;

// 定义一个名为 value 的变量，类型为 string 或 string 数组
const value: string | string[] = 'hello';
value = ['hello', 'world'];
```

在本例中，变量 test 的类型为 string | number，它可以是字符串类型或数字类型。同样，变量 value 的类型为 string | string[]，它可以是字符串类型或字符串数组类型。

联合类型特别适用于不确定的值，如从 API 获取的数据，或者对函数返回值类型的描述。使用联合类型，可以在不损失类型安全性的前提下处理多种情况。

2.7　小　　结

本章首先对 TypeScript 进行了简单介绍，并对现阶段动态语言与静态语言进行了对比，之后搭建了开发环境并对其常见的知识点进行了讲解。最后需要明确一点，TypeScript 的出现并不是要完全取代 JavaScript，二者虽然同源但各有特色，学习 TypeScript 之后并不需要完全放弃 JavaScript。目前，Vue 对于 TypeScript 的支持也在日益完善，在掌握了 TypeScript 的相关基础知识后，使用这门语言进行 Vue 应用开发已经不成问题了，相信熟悉 JavaScript 的读者很快就能掌握本章的内容。

对于基础知识点来说，使用强类型检查反而会增加理解难度，因此在后面的内容中，笔者不会再对每个章节的示例代码都使用 TypeScript。

第 3 章　Vue 的基本指令

本章将介绍 Vue 指令的基础知识。Vue 拥有一套完整、可扩展、用来帮助前端应用开发的指令集机制。指令的本质是"当关联的 HTML 结构进入编译阶段时应该执行的操作",它只是一个当编译器编译到相关 DOM 时需要执行的函数,可以被写在 HTML 元素的名称、属性、CSS 类名和注释里。组件实际上也是指令的一种。为了方便读者专注于讲解的内容,本章的示例代码将会使用 CDN 的形式进行编写,以减少无关文件,降低代码复杂程度。

本章涉及的主要内容点如下:

- ❑ Mustache 语法;
- ❑ 常用指令;
- ❑ v-model 详解。

3.1　Mustache 语法

Vue 使用一种基于 HTML 的模板语法,能够声明式地将其组件实例的数据绑定到呈现的 DOM 上。所有的 Vue 模板都是语法层面合法的 HTML,可以被符合规范的浏览器和 HTML 解析器解析。

新建一个文件 Mustache.html,生成一段 HTML 5 的空白模板代码并引入 CDN(参考 1.3.5 节)。先编写一个简单的例子来熟悉用法,输入以下代码:

```
...
<div id="app">
  <span>我的名字: {{name}}</span>
</div>
<script>
  // 从 Vue 中解构出 createApp 函数
  const { createApp } = Vue
  createApp({
    // data 函数,用于定义应用中的数据
    data() {
      return {
        name: '张三',
      }
    },
  }).mount('#app')
</script>
...
```

Mustache语法就是用双花括号包裹变量的写法。span标签中的双花括号包裹了name,

就会自动与 data 中的同名 name 所绑定。读者可以自行尝试修改 name 并运行，检验是否在网页上有对应的变化。从 3.2 节开始会频繁使用这种语法，因此务必牢牢掌握它的使用方法。

3.2　常　用　指　令

指令是带有 v- 前缀的特殊属性。Vue 提供了许多内置指令，可以进行条件渲染、列表渲染、样式绑定等操作，为日常开发带来了极大的便利。本节将会结合示例代码解释各个指令的用法。

3.2.1　v-if 指令

无论读者学过什么编程语言，一定知道 if、else if 和 else 的使用，也就是各类语言中最基础的条件判断语句。Vue 在 HTML 中也同样实现了条件判断渲染。

新建一个文件 directive.html，生成一段 HTML 5 的空白模板代码并引入 CDN，最后输入以下代码：

```
...
<!-- v-if 的使用 -->
<div v-if="myColor == 'blue'">蓝</div>
<div v-else-if="myColor == 'green'">绿</div>
<div v-else-if="myColor == 'red'">红</div>
<div v-else>其他颜色</div>

...
data() {
  return {
    myColor: 'red',
  }
}
...
```

保存代码并使用浏览器打开，运行效果如图 3.1 所示。

图 3.1　v-if、v-else-if 和 v-else 的用法演示

可以看到，网页上只显示了"红"，而"蓝"和"绿"由于不符合判断条件没有被渲染出来。读者也可以自行修改 myColor 的值，观察显示内容的变化情况。

v-if 可以说是使用频率最高的指令，通常在控制一个元素是否显示的时候使用。v-if

的原理是当判断条件为假时，其内部的所有内容都不会被渲染。v-else-if 和 v-else 是与 v-if 配套使用的，如果单独使用则会在控制台发出警告。

3.2.2　v-show 指令

在掌握了 v-if 的使用方法后，接下来学习一个与它类似的指令 v-show。v-show 在用法上与 v-if 基本相同，但是并没有提供 else if 和 else 等语句。把前面示例中的 myColor 的值修改为 blue，并输入以下代码：

```
...
<!-- v-show 的使用 -->
<div v-show="myColor == 'blue'">蓝</div></div>
<div v-show="myColor == 'red'">红</div>
...
data() {
  return {
    myColor: 'blue'
  }
}
...
```

代码运行效果如图 3.2 所示。

图 3.2　v-show 用法演示及其与 v-if 的区别

从图 3.2 中可以看到清楚地看出 v-if 和 v-show 的区别。v-if 的值如果为假，那么其元素内部的内容不会被渲染，适合用于条件性地渲染模板片段。v-show 的值如果为假，那么元素的 display 属性会被设置为 none。二者在浏览器中的渲染区别如图 3.3 所示。

📖 总结：在使用过程中需要频繁切换显示的情况使用 v-show，其他情况则使用 v-if。

3.2.3　v-for 指令

Vue 在 HTML 中不仅实现了条件判断渲染，同样也实现了列表循环渲染，也就是接下来要讲的 v-for。该指令需要使用 v-for="item in items" 形式的语法，其中，item 是别名，可以自由修改，items 则是期望遍历的数组名称。

输入以下代码：

```
...
<!-- v-for 的使用 -->
<div v-for="fruit in fruits">
  {{fruit}}
</div>
<div v-for="(fruit, index) in fruits">
  {{index + 1 + fruit}}
</div>
...
data() {
  return {
    myColor: 'blue',
    fruits: ['苹果', '菠萝', '椰子'],
  }
}
...
```

代码运行效果如图 3.3 所示。

图 3.3　v-for 用法演示

可以看到这 3 种水果的名称分别被循环展示了两遍，其中，fruits 是从 data 中取到的需要遍历的数组，fruit 是变量名。如果数组内有一层对象，如{name: '苹果'}，那么使用 fruit.name 就可以取到对象内的值了。

接下来分析第二个 v-for，这里引入了 index 这个参数，该参数可以用于获取索引。如果添加一个单击事件，在这个事件中需要获得索引进行增、删、改、查的操作，那么就需要这个 index 参数了。在日常计数上，用户通常习惯从 1 开始计数，因此在 index 后面写上+1 即可。

☎提示：使用过 Vue 2 的读者可能会提问：为什么 v-for 中不写 key 属性了？这是因为在
Vue 2 中需要手动设置唯一的 key，以便框架能有效地跟踪数组中各项的变化情况，从而实现高效的更新。而在 Vue 3 中会自动生成唯一的 key 值，这也是 Vue 3
进行的优化之一。

3.2.4　v-text 指令

常用的 3 个指令已经讲完了，后面的指令虽然使用频率低一些，但是仍然需要熟练掌握。使用 v-text 绑定值的效果与双花括号一样。

v-text 的用法很简单，输入以下代码：

```
...
<!-- v-text 的使用 -->
<div>{{name}}</div>
<div v-text="name">我不会被显示</div>
...
 data() {
 return {
   ...
   name: '张三',
 }
}
...
```

代码运行效果如图 3.4 所示。

图 3.4　v-text 用法演示

可以看到使用双花括号和 v-text 的显示效果完全相同，在用法上的唯一的区别是，v-text
会覆盖元素中的所有内容，在其中添加任何内容都不会被显示。

3.2.5　v-pre 指令

前面学习了使用双花括号的 Mustache 语法，自然就明白，在双花括号内的属性都会被转义。如何才能让双花括号正常显示，而且里面的内容不转义呢？用 v-pre 就可以了。

输入以下代码：

```
...
<!-- v-pre 的使用 -->
<div v-pre>{{name}}</div>
...
```

代码运行效果如图 3.5 所示。

图 3.5　v-pre 用法演示

可以看到，浏览器中直接显示出了{{name}}，v-pre 的用法就是这么简单。

3.2.6　v-cloak 指令

在使用 Vue 开发的过程中，如果一个页面的数据量很大并且使用了大量的数据绑定，那么可能会出现一个问题：用户会看到还没编译完成的双花括号标签，直到完全加载完毕才显示实际渲染的内容。要解决这个问题，可以使用 v-cloak 标签。

输入以下代码，注意新建一个<style>标签来存放样式：

```
...
 <!-- v-cloak 的使用 -->
 <div v-cloak>
   {{ name }}
 </div>
...
<style>
 [v-cloak] {
   display: none;
 }
</style>
...
```

在后面的开发中如果遇到类似问题，使用 v-clock 并配合 CSS 隐藏即可完美解决。

3.2.7　v-html 指令

v-html 的用法很简单，它绑定的内容会直接作为普通的 HTML 插入，需要注意的是双花括号语法不会被解析。

输入以下代码：

```
...
<!-- v-html 的使用 -->
<div v-html="html1"></div>
<div v-html="html2"></div>
...
data() {
 return {
   ...
   html1: '<h2>你好世界</h2>',
   html2: '<h2>{{name}}</h2>',
```

```
    }
  },
  ...
```

代码运行效果如图 3.6 所示。

图 3.6　v-html 用法演示

可以看到"你好世界"这 4 个字正常显示出来了，并且带有 h2 标签的样式，而{{name}}
并不会被解析。在使用过程中，要避免出现类似的情况。

3.2.8　v-once 指令

v-once 的使用方法很容易理解。顾名思义，once 的意思就是一次，v-once 的意思则是
这段代码只会被解析一次。

输入以下代码：

```
...
<!-- v-once 的使用 -->
<div>年龄: {{age}}</div>
<div v-once>年龄: {{age}}</div>
<button @click="addAge">增加年龄</button>
...
data() {
  return {
    ...
    age: 18,
  }
},
methods: {
  addAge() {
    this.age++
```

```
        }
    }
    ...
```

代码运行效果如图 3.7 所示。

图 3.7　v-once 用法演示

可以看到，第一个年龄会随着按钮被单击一直增加，第二个年龄虽然正确解析到 age，但是值不会改变。

3.2.9　v-on 指令

v-on 的作用是绑定事件监听器。例如，按钮单击事件、输入框的监听等都属于事件。在 3.2.8 节中使用的@click 就是 v-on 的使用方式之一。v-on 指令的用法比较多，接下来会多举几个例子。

输入以下代码：

```
...
<!-- v-on 的使用 -->
<button v-on:click="reduceAge">减少年龄</button>
<!-- 我只会生效一次 -->
<button v-on:click.once="reduceAge">减少年龄</button>
<br />
<input @keyup.enter="onEnter" />
...
methods: {
...
  reduceAge() {
    this.age--
  },
  onEnter(event) {
    console.log('我输入的是:', event.target.value)
  }
}
...
```

代码运行效果如图 3.8 所示。

在本示例中，单击"减少年龄"按钮，会调用绑定的 reduceAge 方法让上面的数字减少，而第二个绑定的按钮由于设置了 click.once，所以只生效一次。接下来看这个 input 标签，由于绑定了@keyup.enter 的方法，所以在输入完文字后，按键盘上的 Enter 键就会在控制台输出一段文字。

图 3.8　v-on 用法演示

3.2.10　v-bind 指令

v-bind 指令可以动态地绑定一个或多个 Class 和 Style 等属性。
输入以下代码：

```
...
<!-- v-bind 的使用 -->
<div v-bind:class="{'red-div': myColor == 'red'}">v-bind绑定 class</div>
<div :class="{'red-div': isRed}">v-bind绑定 class 简写</div>

<img :src="imageUrl" :style="{width: size + 'px'}" />
...
data() {
  return {
    ...
    isRed: true,
    imageUrl: 'https://avatars.githubusercontent.com/u/16334445',
    size: 50
  }
}
...
<style>
  ...
  .red-div {
    background-color: red;
  }
</style>
...
```

代码运行效果如图 3.9 所示。

图 3.9　v-bind 用法演示

本示例分别使用 v-bind 绑定了 Class、Style 和图片路径，编写时需要注意加上一层单花括号，并且带短横线的属性需要加引号。在日常使用中，基本上都是使用简写的方式，即省略掉 v-bind 只使用冒号进行绑定即可。

3.3　v-model 详解

做前端开发的读者一定遇到过表单提交，做过表单提交的读者一定使用过 input 标签。在开发中总是需要给 input 标签进行值绑定，并添加事件监听器监测内容的变化情况。这种写法不仅麻烦，而且加大了出错的概率。程序出现 bug 的可能性，总是与代码量成正比。v-model 简化了这个步骤，只需要使用少量代码就可以完成这个操作。不仅 input 标签，在 textarea 和 select 标签上都可以使用 v-model，而且在掌握了组件的知识后，还可以在自定义组件上使用 v-model。

3.3.1　v-model 的基本用法

v-model 的本质是一个语法糖，相当于同时使用了 v-bind 和 v-on。还是拿 input 标签举例，v-model 会使用 v-bind 绑定 value 属性，再使用 v-on 监听输入事件。

新建一个文件 v-model.html，生成一段 HTML 5 的空白模板代码并引入 CDN，最后输入以下代码：

```
...
<div id="app">
  <!-- v-model 的使用 -->
  <div>我的名字：{{name}}</div>
  <input
    :value="name"
    @input="event => name = event.target.value" />
  <br />
  <input v-model="name" />
</div>
<script>
  // 从 Vue 中解构出 createApp 函数
  const { createApp } = Vue
  const app = createApp({
    // data 函数，用于定义应用中的数据
    data() {
      return {
        name: '',
      }
    },
  })
  app.mount('#app')
</script>
...
```

保存代码并使用浏览器打开，运行效果如图 3.10 所示。

图 3.10　v-model 绑定 input 用法演示

在两个输入框中任选一个输入"张三"，那么 div 和两个 input 标签的值都会显示张三。因为 input 标签已经实现了双向绑定，所以在输入的过程中只要改变 name 属性的值，那么在 value 上绑定了 name 的标签就会发生变化。可以观察一下代码的写法，第一个 input 是分别绑定了值和事件，而第二个 input 则使用了 v-model 进行双向绑定。是不是不仅清晰易懂，而且代码量一下减少了很多呢？

v-model 的使用比前面的指令稍微复杂一些。再举一个例子，为 select 标签实现双向绑定。输入以下代码：

```
...
<div>我的性别: {{sex}}</div>
<select v-model="sex">
  <option disabled value="">请选择</option>
  <option>男</option>
  <option>女</option>
</select>
...
// data 函数，用于定义应用中的数据
data() {
  return {
    name: '',
    sex: ''
  }
},
...
```

代码运行效果如图 3.11 所示。

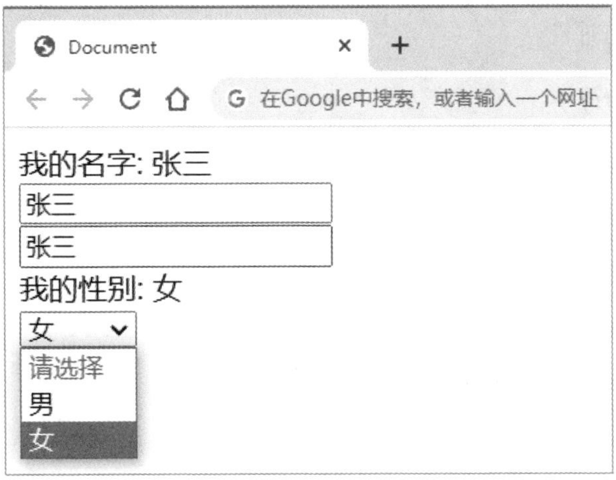

图 3.11　v-model 绑定 select 用法演示

select 的用法与 input 十分相似。使用 v-model 对 sex 属性进行绑定后，任意选择其中的选项，就可以同时修改"我的性别"div 中的值。读者可以自行尝试实现一个 textarea 的双向绑定。

3.3.2　v-model 修饰符

v-mode 提供了 3 种修饰符，方便开发者使用。这 3 种修饰符分别是 lazy、number 和 trim。

1．lazy修饰符

lazy 修饰符会在每次 input 事件后才更新数据。继续进行 v-model.html 开发，修改第二个 input 的代码：

```
...
<input v-model.lazy="name" />
...
```

代码运行效果如图 3.12 所示。

图 3.12　v-model 的 lazy 修饰符用法演示

可以看到，当输入张三时，上面的 input 和 div 的值都没有实时更新，在输入框失去焦点后或按 Enter 键后才会把数据同步过去。这是因为 lazy 修饰符可以改为在每次 change 事件后才更新数据。lazy 的中文意思是懒，可以理解为不让数据同步变更太频繁而影响程序性能，延后了同步的时机。

2．number修饰符

number 修饰符会自动将用户输入的内容转换为数字类型。输入以下代码：

```
...
<div>我的年龄：{{age}}</div>
<input v-model="age" />
<br />
<input v-model.number="age" />
...
// data 函数，用于定义应用中的数据
data() {
  return {
    ...
    age: 18
```

```
    }
  },
watch: {
  age(value) {
    console.log(typeof(value))
  }
}
...
```

代码运行效果如图 3.13 所示。

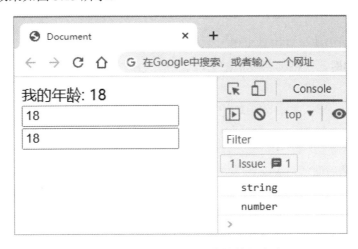

图 3.13　v-model 的 number 修饰符用法演示

上面代码中的 watch 的用法还没有讲到，读者可以将其视为监听数据的变化，在这里主要用来检查数据类型的变化。

分别在两个输入框中输入数字，可以看到，在第一个输入框中输入任何内容会输出 string 类型，在第二个输入框中输入的数字会自动转换为 number 类型，如果输入其他字符串则不会触发 change 事件，watch 也无法监听到，因此在控制台中也不会有任何输出。最后有一个细节需要注意，如果 input 设置为 type="number"，则会自动开启 number 修饰符（这样做就无法输入字符串了）。

3. trim修饰符

trim 修饰符会自动去除输入内容两端的空格。输入以下代码：

```
...
<div>我的职业: {{profession}}</div>
<input v-model.trim="profession" />
...
data() {
  return {
    ...
    profession: ''
  }
},
...
```

代码运行效果如图 3.14 所示。

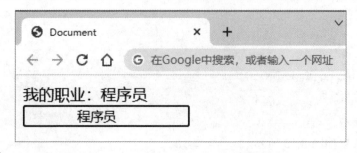

图 3.14　v-model 的 trim 修饰符用法演示

trim 修饰符的用法就显而易见了，不管在左右两侧输入多少个空格，当输入框失去焦点或者按 Enter 键时，空格都将被全部去除。

3.4　小　　结

本章的内容是后面学习 Vue 开发的重要基础，为了便于读者理解所学的内置指令，每节都给出了示例代码，不理解的地方一定要多练习，做到举一反三才是真正掌握了。总体来说，Vue 3 的指令提供了便利的操作 DOM 和数据的方式，为开发提供了更加灵活的解决方案。虽然有的需求不使用指令也可以实现，但是只有厘清了各种指令的使用方法和概念，才能充分发挥 Vue 的优势。建议读者对于指令的学习一定要多动手尝试，以便巩固在本章学到的知识。

第4章 CSS 样式绑定

在日常开发中，绑定元素的 Class 和 Style 是数据绑定的常见需求。因为它们都是属性，所以可以使用 v-bind 来处理它们。在前面章节中学习的 v-bind，可以通过计算表达式的结果得出字符串。但这又带来了一个新的问题：字符串的拼接过程很麻烦且容易出错。因此，在使用 v-bind 绑定 Class 和 Style 时，Vue 3 进行了专门的增强，表达式结果不仅可以是字符串，还可以是对象或数组。v-bind 实现了更加灵活与强大的样式控制，同时又不影响代码的可读性与可维护性，是一种非常理想的前端开发方式。

本章涉及的主要内容点如下：

❑ Class 属性绑定；

❑ Style 属性绑定；

❑ CSS 预处理器；

❑ 综合案例：计算器的实现。

4.1 Class 属性绑定

Class 是一种选择器，可以用来选择 HTML 中的元素及应用样式，它可以选择任意数量的元素，并且可以在多个元素中使用多次。Class 可以定义一组样式规则，然后在任意数量的元素上重复使用这些样式规则，这是一种非常有效和灵活的方式。

在 Vue 3 中，可以通过 Class 绑定（类绑定）来控制样式。Class 绑定的功能非常强大且方便，可以让开发者在模板中动态控制元素的样式。它允许开发者通过在绑定对象中添加一个布尔值或表达式的键值对，来决定一个类是否应该被绑定到元素上。

4.1.1 绑定对象

首先学习如何绑定对象。新建一个文件 4-1.html，生成一段 HTML 5 的空白模板代码并引入 CDN。接下来可以编写例子了，输入以下代码：

```
...
  <div id="app">
    <!-- 通过 isRed 判断是否绑定 red-div -->
    <div :Class="{'red-div': isRed}">Class 绑定对象</div>
  </div>

  <script>
  const { createApp } = Vue

    createApp({
```

```
      data() {
        return {
          // 默认为 true
          isRed: true,
        }
      },
      methods: {
      }
    }).mount('#app')
  </script>

  <Style>
    .red-div {
      background-color: red;
    }
  </Style>
...
```

保存代码并使用浏览器打开，运行效果如图 4.1 所示。

图 4.1　Class 绑定对象

上面这段代码在模板中使用了:Class 绑定对象的语法，将一个对象传递给 Class 属性，对象的键为类名，值为 true 或 false。当 isRed 为 true 时，对象中的 red-div 键的值为 true，因此 div 元素具有 red-div 类带来的样式。

4.1.2　绑定计算属性

如果绑定的条件比较复杂，也可以通过计算属性来实现。只要在 export default 中添加一个 computed 属性，并把要设置为计算属性的参数填写在里面即可。继续修改 4-1.html，示例代码如下：

```
...
  <div id="app">
    <!-- 通过 isRed 判断是否绑定 red-div -->
    <div :Class="{'red-div': isRed}">Class 绑定对象</div>
    <!-- 绑定 classObject 中的 Class -->
    <div :Class="ClassObject">Class 绑定计算属性</div>
  </div>

  <script>
    const { createApp } = Vue
    createApp({
      data() {
        return {
```

```
      isRed: true,
      isWhite: true
    }
  },
  computed: {
    ClassObject() {
      console.log('可以在这里写一些逻辑代码');
      return {
        'red-div': this.isRed,
        'white-text': this.isWhite
      }
    }
  },
  methods: {
  }
}).mount('#app')
</script>

<Style>
  .red-div {
    background-color: red;
  }
  .white-text {
    color: white;
  }
</Style>
...
```

代码运行效果如图 4.2 所示。

图 4.2　Class 绑定计算属性

从图 4.2 中可以看到，Class 绑定到了一个名为 ClassObject 的计算属性上，计算属性与方法不同，放在 computed 中而非 methods 中，它可以根据值的变化重新计算结果并渲染到 div 上。读者现在只需要了解 computed 的用法，在后面的章节中会详细介绍它的原理。

4.1.3　绑定数组

如果有多个 Class 需要绑定，则可以使用方括号进行数组绑定。数组绑定时可以搭配花括号来使用，在里面添加条件判断。

示例代码如下：

```
...
  <div id="app">
```

```
    ...
      <!-- 1. 同时绑定 redClass 和 whiteClass -->
    <div :Class="[redClass, whiteClass]">Class 绑定数组 1</div>
    <!-- 2. 添加判断的混合绑定 -->
    <div :Class="[{'bold-text': isBold}, redClass]">Class 绑定数组 2</div>
  </div>

  <script>
    const { createApp } = Vue
    createApp({
      data() {
        return {
          ...
          isBold: true,
          redClass: 'red-div',
          whiteClass: 'white-text'
        }
      },
      ...
      }
    }).mount('#app')
  </script>

  <Style>
    ...
    .bold-text {
      font-weight: bold;
    }
  </Style>
...
```

代码运行效果如图 4.3 所示。

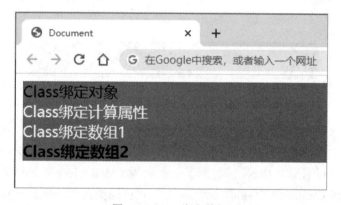

图 4.3　Class 绑定数组

上面这段代码包括两个 div 元素，分别使用不同的绑定数组来绑定一个或多个类名。

第一个示例中使用了一个由 redClass 和 whiteClass 组成的绑定数组，这两个变量在 data 中定义。当 Vue 实例加载时，这个 div 将获得 red-div 和 white-text 这两个类名。

第二个示例中使用了对象和字符串组成的绑定数组。对象键为类名 bold-text，它的值是一个响应式数据属性 isBold。当 isBold 为 true 时，这个 div 元素将具有 bold-text 这个类名，从而应用了 CSS 样式中定义的字体加粗效果。数组的第二个元素是 redClass，与第一个 div 元素类似，它也从 data 中获取。

4.2　Style 属性绑定

CSS 中的 Style 是一种比 Class 更简单的样式选择器，它直接应用于 HTML 元素上。Style 属性的样式规则是与 HTML 元素相关的，因此 Style 仅适用于它所绑定的元素。Style 属性绑定是一种快速且简单的方法，可以为 HTML 元素定义样式，但不够灵活，因为不能在多个元素上重复使用相同的样式规则。

Vue 3 的 Style 属性绑定是一项非常强大的功能，为开发人员提供了在开发过程中更加灵活和方便的操作样式。与 Class 绑定类似，Vue 3 也对 Style 绑定进行了增强，使其具有更好的可用性。

4.2.1　绑定对象

Style 属性绑定的对象语法十分直观——看着非常像 CSS，但其实是一个 JavaScript 对象。CSS property 名可以用驼峰式（camelCase）或短横线分隔（kebab-case，记得用引号括起来）来命名。

新建一个文件 4.2.html，生成一段 HTML 5 的空白模板代码并引入 CDN，最后输入以下代码：

```
...
  <div id="app">
    <!-- 1. 把 fontSize 的值传递给 font-size -->
    <div :style="{'font-size': fontSize}">Style 绑定对象 1</div>
    <!-- 2. 传递整个 styleObject -->
    <div :style="styleObject">Style 绑定对象 2</div>
  </div>

  <script>
    const { createApp } = Vue
    createApp({
      data() {
        return {
          fontSize: '14px',
          styleObject: {
            'font-size': '17px',
            color: 'red'
          }
        }
      },
    }).mount('#app')
  </script>
...
```

代码运行效果如图 4.4 所示。

上面这段代码同样包括两个 div 元素，分别使用了不同方式的 Style 绑定对象。

第一个 Style 将 font-size 属性绑定到 data 的 fontSize 属性上。当 Vue 实例加载时，Style 元素将具有一个决定字体大小的 font-size 属性值。

第二个 Style 直接绑定在了 data 的 styleObject 属性上。这个样式对象包含一个 font-size

属性和一个 color 属性。当 Vue 实例加载时，Style 元素将具有这个对象定义的样式。

图 4.4　Style 绑定对象

4.2.2　绑定数组

前面讲了使用 Class 可以绑定数组，那么 Style 也是可以的。同样使用方括号进行数组绑定，数组绑定时可以搭配花括号来使用，在其中添加条件判断。

示例代码如下：

```
...
  <div id="app">
    ...
    <!-- 同时绑定 styleObject 和 backColor -->
    <div :style="[styleObject, backColor]">Style 绑定数组</div>
  </div>

  <script>
    const { createApp } = Vue
    createApp({
      data() {
        return {
          fontSize: '14px',
          styleObject: {
            'font-size': '17px',
            color: 'red'
          },
          backColor: {
            'background-color': 'blue'
          }
        }
      },
    }).mount('#app')
  </script>
...
```

代码运行效果如图 4.5 所示。

上面这段代码包含一个 div 元素，这个元素使用了一个由 styleObject 和 backColor 组成的绑定数组，这两个变量在 Vue 实例的 data 选项中定义。

styleObject 是一个样式对象，它包含一个 font-size 属性和一个 color 属性。在模板中，sstyleObject 被放入一个数组中，并与 backColor 对象一起被绑定到 div 元素上。backColor 对象包含一个 background-color 属性。当 Vue 实例加载时，这个元素将具有这 font-size 和 color 属性。

图 4.5　Style 绑定数组

4.2.3　自动前缀与样式多值

当使用浏览器特有前缀的 CSS 属性时，Vue 会自动为它们加上相应的前缀。Vue 在运行时检查某个属性是否可以在当前浏览器中使用。如果浏览器不支持这个属性，那么将尝试加上各个浏览器支持的特殊前缀，以找到哪一个是被浏览器支持的。

主流浏览器引擎前缀如下：

- -webkit-（谷歌、Safari、新版 Opera 浏览器、iOS 系统中的浏览器、其他基于 WebKit 内核的小众浏览器）；
- -moz-（火狐浏览器）；
- -o-（旧版 Opera 浏览器）；
- -ms-（IE 浏览器和 Edge 浏览器）。

样式多值指的是，对一个样式属性提供多个（不同前缀的）值。示例代码如下：

```
<div :style="{ display: ['-webkit-box', '-ms-flexbox', 'flex'] }">
</div>
```

数组仅会渲染浏览器支持的最后一个值。在这个示例中，在支持不需要特别前缀的浏览器中都会渲染为 display: flex。

4.3　CSS 预处理器

CSS 预处理器是一种用于简化 CSS 代码编写的工具，可以帮助开发者更高效地管理和维护 CSS 代码。它们基于 CSS 的语法添加了一些额外的功能，如变量、嵌套、函数和混合等。目前比较流行的 CSS 预处理器有 Sass、Less 和 Stylus 等。

使用 CSS 预处理器可以提高 CSS 代码的可读性和可维护性，同时可以使 CSS 代码的编写更加高效和方便。需要注意的是，在使用预处理器时需要安装相应的编译器，将预处理器的代码编译成标准的 CSS 代码，以便浏览器能够正常解析。

4.3.1　使用 Sass

CSS 预处理器的种类比较多，但是大同小异，用法也极其相似，因此本节选择最常用的 Sass 进行介绍。

Sass 是一个强大的 CSS 预处理器，是 Syntactically Awesome Style Sheets 的缩写。它使用类似于 CSS 的语法，但提供了更多的功能和特性，使样式表更加灵活，更易于维护和扩展。

接下来介绍如何在 Vue 3 中使用 Sass。使用 Sass 并不复杂，分 3 步即可。

（1）安装 Sass 依赖。可以使用 NPM 或者 YARN 安装：

```
# 使用 NPM 安装
npm install sass sass-loader -D

# 使用 YARN 安装
yarn add sass sass-loader -D
```

（2）在 Webpack 配置文件中配置 sass-loader。例如，在 Vue CLI 生成的项目中，可以在 vue.config.js 文件中添加如下代码：

```
// 使用 CommonJS 的模块导出语法，将配置对象导出
module.exports = {
  css: {
    loaderOptions: {
      sass: {
        additionalData: '@import "@/assets/styles/variables.scss";'
      }
    }
  }
}
```

（3）在项目中创建一个.scss 文件，如 style.scss，然后可以在其中编写 Sass 代码。在.vue 组件中，可以使用<style>标签来引入样式文件：

```
...
<template>
  <div>
    <p class="text">{{ message }}</p>
  </div>
</template>

<style lang="scss">
.text {
  color: $primary-color;
}
</style>
...
```

在 Webpack 配置文件中配置 sass-loader。例如，在 Vue CLI 生成的项目中，可以在 vue.config.js 文件中添加如下代码：

☎提示：有很多读者可能不清楚 Sass 和 Scss 的区别。其实很简单，Sass 是一种 CSS 预处理器，而 Scss 是 Sass 3 引入的新语法，是 Sass 的一种语法格式。

4.3.2　嵌套写法

Sass 的嵌套语法是指在 Sass 中可以使用嵌套的方式来描述样式规则的关系，这样可以使样式代码更加清晰、易读、易维护。嵌套语法也是 Sass 常用的特性之一。接下来展示使

用 Sass 嵌套语法的例子，方便读者理解。

基本选择器嵌套：

```
// css
.container {
 width: 100%;
}
.container .title {
 font-size: 24px;
}
.container .content {
 font-size: 16px;
}

// sass
.container {
 width: 100%;
 .title {
   font-size: 24px;
 }
 .content {
   font-size: 16px;
 }
}
```

在本示例中定义了一个.container 样式，并在其中嵌套了两个子元素.title 和.content 的样式。上面的代码清晰地表达出这两个子元素属于.container 元素，并且有不同的样式。

使用&选择器：

```
// css
.button {
background-color: blue;
}
.button:hover {
background-color: red;
}

// sass
.button {
 background-color: blue;
 &:hover {
   background-color: red;
 }
}
```

在本示例中，使用&符号表示.button 元素本身，因此当鼠标光标悬停在.button 元素上时，.button:hover 的样式就会生效。这种方式可以让样式表更加清晰和易于理解。

Sass 的嵌套语法允许在样式规则中嵌套其他规则和属性，从而明显提高代码的可读性、组织性和可维护性。

4.3.3　定义变量

定义变量可以在整个样式表中重复使用，让开发者在编写样式时更加方便、快捷，减少了代码冗余和重复，也让样式表更易于维护和更新。

在 Sass 中定义变量的语法是使用"$"符号，后面跟变量名和变量值，例如：

```
$primary-color: #007bff;
```

在这个例子中定义了一个名为$primary-color 的变量，它的值为#007bff，即深蓝色。接下来，在样式表中可以通过变量名来引用该变量的值，例如：

```
.button { background-color: $primary-color; }
```

在这个例子中，使用了$primary-color 变量的值作为.button 元素的背景颜色。如果需要修改主题色，只需要修改$primary-color 变量的值即可，无须修改使用该颜色的每个地方。

除了颜色类型的变量定义外，Sass 还支持其他类型的变量，例如：

```
// 数字类型
$font-size: 16px;
// 字符串类型
$font-family: 'Helvetica Neue', sans-serif;
// 布尔类型
$debug-mode: true;
// 列表类型
$border-widths: 1px 2px 3px 4px;
// Map 类型
$colors: (primary: #007bff, secondary: #6c757d);
```

总体来说，Sass 的定义变量的功能是一项非常实用的功能，让开发者可以更加高效地编写样式表，并提高了代码的可维护性。

4.3.4　模块系统

Sass 的模块系统是一种组织样式代码的方式，它允许开发者将样式表分解成多个文件，并使用@import 指令将这些文件组合在一起，形成一个完整的样式表。

Sass 的模块系统包括两个概念：模块和导入。其中：模块就是一个 Sass 文件，它可以包含一些变量、函数、混合器、样式规则等内容；而导入则是将一个模块中的内容引入另一个模块中使用的过程。使用@import 指令可以导入一个 Sass 模块，代码如下：

```
@import 'reset';
```

在这个例子中，@import 指令将名为 reset 的 Sass 模块导入当前模块，可以在当前模块中使用在 reset 模块中定义的变量、函数、混合器和样式规则等。

Sass 的模块系统可以让开发者更加方便地组织和管理大型样式表，减少代码重复，提高代码复用性和可维护性。

☎提示：@import 指令会在编译时将导入的模块合并到当前模块中，因此在使用模块系统时需要注意避免产生循环依赖关系，从而导致编译错误或出现性能问题。为了避免循环依赖，可以按照依赖关系将模块分组，或者将一些通用的样式规则放在单独的模块中，以便多个模块共享。

4.3.5　混合指令

Sass 的混合指令（mixin）是一种可以重复使用的样式代码块，它可以包含一些 CSS属性和值，也可以包含 Sass 变量、函数和逻辑控制语句等内容。

Sass 的混合指令使用@mixin 关键字进行定义，例如：

```
@mixin button {
  display: inline-block;
  padding: 0.5rem 1rem;
  font-size: 1rem;
  line-height: 1.5;
  color: #fff;
  background-color: #007bff;
  border-radius: 0.25rem;
  text-align: center;
  text-decoration: none;
}
```

在这个例子中，@mixin 指令定义了一个名为 button 的混合指令，包含一些常用的按钮样式。在样式表中，可以使用@include 关键字引用该混合指令，例如：

```
.button {
  @include button;
}
```

在这个例子中，使用@include 指令引用了名为 button 的混合指令，可以将 button 混合指令中定义的样式代码块插入.button 元素的样式规则中。这样可以避免在多个样式规则中重复定义相同的样式代码，提高样式表的可维护性和可读性。

除了基本的混合指令外，Sass 还支持带参数的混合指令，可以通过传递不同的参数来生成不同的样式代码。例如：

```
@mixin button($bg-color) {
  background-color: $bg-color;
  /* ... */
}

.button-primary {
  @include button(#007bff);
}

.button-secondary {
  @include button(#6c757d);
}
```

在这个例子中定义了一个带有$bg-color 参数的 button 混合指令，使用时可以根据需要传递不同的参数，生成不同的样式代码。在.button-primary 和.button-secondary 元素中使用了不同的背景颜色，分别为#007bff 和#6c757d。

在使用体验上，Sass 的混合指令是一种非常实用的功能，可以让开发者更加方便地重用样式代码，减少代码冗余和重复，提高样式表的可维护性和可读性。

4.3.6　样式继承

Sass 的样式继承功能可以使样式规则之间产生联系，通过继承已有的样式规则来生成新的样式规则，从而减少代码量，提高代码复用率和可维护性。

Sass 的样式继承使用@extend 指令来实现，可以将一个选择器的样式规则继承到另一个选择器中。例如：

```
.button {
  display: inline-block;
```

```
    padding: 0.5rem 1rem;
    font-size: 1rem;
    line-height: 1.5;
    color: #fff;
    background-color: #007bff;
    border-radius: 0.25rem;
    text-align: center;
    text-decoration: none;
}

.button-primary {
    @extend .button;
}

.button-secondary {
    @extend .button;
    background-color: #6c757d;
}
```

在这个例子中定义了一个.button 样式规则，包含一些常用的按钮样式。在.button-primary 和.button-secondary 样式规则中，分别使用@extend 指令继承.button 样式规则，可以减少重复的代码量。在.button-secondary 样式规则中还覆盖了 background-color 属性，改变了背景颜色。

需要注意的是，@extend 指令会将两个选择器中的所有样式规则合并成一个选择器，因此在使用时需要注意样式规则的优先级和继承顺序。如果样式规则中包含相同的属性，那么后面的样式规则会覆盖前面的样式规则。如果多个样式规则继承了同一个样式规则，那么后面的样式规则会继承前面的样式规则，并覆盖其中的属性。

总体来说，Sass 的样式继承可以使样式规则之间产生联系，减少代码量，提高代码复用率和可维护性，是 Sass 中非常实用的功能。

4.4　综合案例：计算器的实现

以下是一个计算器实例，计算器包括数字输入，加、减、乘、除计算，清空，显示结果等功能，通过这个例子来复习前面介绍的指令和样式绑定等知识。这个小工具目前不能算是一个完整的项目，实际情况下应该将业务逻辑和 UI 层分离，采用组件化开发方式。

新建一个文件 Calculator.html，生成一段 HTML 5 的空白模板代码并引入 CDN。由于这次编写的是一个小型的实例，所以代码比前面多一些。完整的代码如下：

```html
<!DOCTYPE html>
<html lang="en">
  <head>
    <meta charset="UTF-8" />
    <meta http-equiv="X-UA-Compatible" content="IE=edge" />
    <title>Calculator</title>
    <script src="https://unpkg.com/vue@3/dist/vue.global.js"></script>
  </head>
  <body>
    <div id="app">
      <div class="number-keyboard">
        <button v-for="item in items" :key="item"
          @click="handleClick(item)" class="button-margin"
```

```
        :class="{ 'button-selected': isSelected(item) }">
        {{ item }}
      </button>
    </div>
    <div class="display-div">结果: {{displayText}}</div>
  </div>
  <script>
    const { createApp } = Vue
    createApp({
      data() {
        return {
          // 创造键盘上的按钮
          items: [1, 2, 3, '÷', 4, 5, 6, '×', 7, 8, 9, '-', 'C', 0, '=', '+'],
          // 展示的文字
          displayText: '',
          selectedButton: null
        }
      },
      methods: {
        // 单击事件
        handleClick(item) {
          this.selectedButton = item
          if (item === 'C') {
            this.displayText = ''
          } else if (item === '=') {
            // 判断最后一个字符是否为符号，如果是则删除
            if (['+', '-', '×', '÷'].includes(this.displayText.slice(-1))) {
              this.displayText = this.displayText.slice(0, -1)
            }
            // 使用 eval 计算表达式结果并将结果赋值给 displayText
            var code = this.displayText.replace('×', '*').replace('÷', '/')
            this.displayText = eval(code).toString()
          } else {
            // 拼接数字和运算符
            const lastChar = this.displayText.slice(-1);
            if (['+', '-', '×', '÷'].includes(lastChar) &&
                ['+', '-', '×', '÷'].includes(item)) {
              this.displayText = this.displayText.slice(0, this.displayText.
length - 1) + item
            } else {
              this.displayText += item
            }
          }
        },
        // 判断单击状态
        isSelected(item) {
          return this.selectedButton === item
        }
      },
    }).mount('#app')
  </script>
  <style>
    .number-keyboard {
      display: flex;
      flex-wrap: wrap;
      align-items: center;
      padding: 10px;
      width: 248px;
      height: 240px;
      background-color: #dadada;
```

```
        }
        .button-margin {
          margin: 5px;
          font-size: 18px;
          width: 50px;
          height: 50px;
          border-radius: 4px;
          background-color: #eee;
          border: none;
          outline: none;
          cursor: pointer;
          box-shadow: 2px 2px 2px rgba(0, 0, 0, 0.3);
        }
        .button-selected {
          background-color: #3498db;
          color: #fff;
        }
        .display-div {
          width: 248px;
          height: 40px;
          font-size: 18px;
          display: flex;
          justify-content: center;
          align-items: center;
        }
      </style>
    </body>
</html>
```

成功运行代码后，效果如图 4.6 所示。

结果：5×6

结果：30

图 4.6　计算器实例的运行效果

代码分析如下：

❑ 在 data 属性中定义了 items、displayText 和 selectedButton 这 3 个变量，分别表示按钮列表、显示的文本内容和当前选中的按钮。

❑ 在 methods 属性中定义了 handleClick 和 isSelected 两个方法，分别表示按钮单击事件和判断某个按钮是否被选中。

❑ 在页面中使用 v-for 指令和 items 数组生成按钮列表，并使用 v-bind 指令将按钮单击事件绑定到 handleClick 方法上。

❑　在页面中使用插值语法{{displayText}}将显示的文本内容绑定到页面上。

整个应用的核心逻辑在 handleClick 方法中实现。该方法根据传入的按钮 item 进行不同的处理，包括清空文本内容、计算表达式结果、拼接数字和运算符等。其中使用了 eval 函数将表达式字符串转换为计算结果，并使用 slice 和 replace 函数等对字符串进行处理。isSelected 方法用于判断某个按钮是否被选中。页面样式使用 CSS 定义，使得应用在浏览器中具有良好的展示效果。

本实例演示了如何使用 Vue 3 构建一个简单的计算器，读者可以尝试在这个程序中添加更多的功能，以夯实自己的编程技能。以下是一些可以尝试添加的功能：

❑　添加小数点的支持，使得用户可以进行小数运算。

❑　添加括号的支持，允许用户使用括号来改变运算的优先级。

❑　添加一个开/关按钮，以允许用户在输入过程中切换正负号。

❑　添加一个历史记录功能，使用户可以查看之前的计算结果。

4.5　小　　结

Vue 3 中的类与样式绑定是一个非常重要的主题，它允许在 HTML 元素上动态地添加和移除类与样式。这个功能在开发中非常实用，因为它可以根据用户的操作和应用的状态来动态地改变元素的样式和类。Vue 3 提供了一些方便的类与样式绑定方法，用于动态绑定 HTML 元素的类名与样式。类绑定支持对象语法、数组语法和三元表达式，样式绑定支持对象语法、数组语法和自动前缀。此外，为了高效地管理和维护 CSS 代码，CSS 预加载器也是不可忽略的知识点。

建议读者在学习完本章内容之后，尝试编写一些简单的示例代码，并在不断实践的过程中加深对类和样式绑定的理解。

第 5 章　数据响应式基础

在学习数据响应式之前，首先需要明确一个问题，即数据响应式的作用是什么？或者说数据响应式能给开发工作带来哪些好处？在过去的开发流程中，前端开发者从后台接口获取数据后，需要进行 DOM 操作才能实现数据回显。而 Vue 将组件定义中的数据作为响应式数据处理，并且在其内部监听数据的变化情况，一旦数据发生变化，Vue 会自动触发视图的更新。这意味着，开发人员不需要手动编写代码来执行视图的更新，只需要修改数据模型，Vue 就会自动更新视图。

数据响应式系统的优势在于它使得开发更加简单，同时也提高了代码的可维护性和可读性。开发者可以在数据模型中编写业务逻辑，而不必关心如何将这些逻辑映射到视图上，因为 Vue 已经处理了这一步骤。这为前端开发带来了极大的便利，可以更方便地创建动态和交互式的用户界面。

计算属性和侦听器也是非常重要的概念。计算属性（computed）依赖于其他属性或数据的值，并且只有在其依赖的值发生变化时才会重新计算，这样能够轻松地实现对数据的派生和响应式计算。侦听器（watch）可以监听特定的数据变化情况，并在数据变化时执行一些操作。与 computed 不同，watch 不会自动计算，而是在特定的数据发生变化时执行一个回调函数。数据响应式可以更好地管理应用程序的状态和数据流，从而使代码更加优雅和高效。通过使用 computed 和 watch，可以轻松地实现响应式计算和数据侦听，从而实现更加灵活和可维护的代码。

本章涉及的主要内容点如下：

❑ 数据响应式的实现；
❑ 声明方法；
❑ 计算属性；
❑ 侦听器；
❑ 综合案例：购物车的实现。

5.1　数据响应式的实现

在学习编程的时候，不仅要知其然，更要知其所以然。了解代码的运行原理可以更好地编写代码，提高编写代码的效率和准确性。对代码运行原理的理解有助于诊断和解决问题，发现代码中潜在的错误并进行修复，从而提高代码的质量和稳定性，以及更好地评估代码的性能。此外，了解代码的运行原理可以更好地评估代码的可维护性和可扩展性，更好地规划代码的架构。

数据响应式作为现代前端框架的一个重要组成部分，了解它的实现原理与核心概念，才能更好地使用它进行开发。本节分别对 Vue 2 和 Vue 3 的响应式原理进行介绍，并对比 Vue 3.0 版本做了哪些优化。数据响应式也是面试时常考的一个重要的知识点。

5.1.1　Vue 2 中的数据响应式

Vue 2 使用 Object.defineProperty 来实现数据绑定。首先看一下官方文档的解释，解析图如图 5.1 所示。

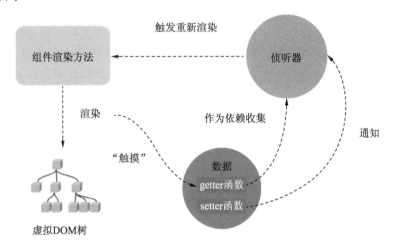

图 5.1　Vue 2 数据响应式示意

Vue 2 会对每一个响应式数据对象执行递归遍历，并在每个属性上定义 getter 和 setter 函数来实现。当一个响应式数据的值发生改变时，框架就会监测到然后通知视图系统进行更新。

图 5.1 中主要做了这几件事：数据劫持、收集依赖、派发更新。

❑ 数据劫持：Vue 在初始化实例时会遍历该实例的数据对象，对每个属性执行以下操作：

➢ 定义 getter 函数：该函数在读取属性值时被调用，并且监测该属性的变化情况。

➢ 定义 setter 函数：该函数在设置属性值时被调用，并且向侦听器通知该属性数据已经发生了改变。

❑ 收集依赖：创建虚拟 DOM 函数的过程会触发数据的 getter 函数，在调用 getter 函数的时候把当前的 watcher 对象收集起来。Vue 2 使用了一个订阅者 Dep 来存放观察者对象，当数据发生改变时会通知观察者。观察者通过调用自己的 update 方法完成更新。

❑ 派发更新：调用 setter 函数的时候，遍历这个数据的依赖对象（watcher 对象）并进行更新，最终实现数据和视图的双向绑定。

5.1.2　Vue 3 中的数据响应式

Vue 2 的响应式机制虽然简单、易懂，但是在处理嵌套数据和数组时需要特殊处理，并且性能较低。Vue 3 使用 Proxy 对象代理的方式，取代了 Object.defineProperty 函数实现了更加高效且全面的响应式机制。Proxy 是 ES 6 中新增的一种对象，它可以拦截并改变

JavaScript 中的底层操作。Proxy 可以用来包装一个对象，并拦截这个对象的属性访问、赋值、枚举等操作，从而实现自定义的操作。

当创建响应式对象时，Vue 3 会使用 Proxy 来代理该对象，拦截该对象属性的所有读取和修改操作，以实现响应式更新。在获取代理对象的属性时，Proxy 会拦截到 get 操作，并在此时收集该属性的依赖。在修改代理对象的属性时，Proxy 会拦截到 set 操作，并在此时通知相关的依赖进行更新。

在 Vue 3 中，调用 reactive 函数将对象转换为响应式对象时，会递归地将对象的所有属性都转换为响应式对象。当调用 computed 函数创建计算属性时，会在 getter 函数中收集依赖，当依赖的响应式数据发生变化时触发计算属性重新计算，然后触发依赖该计算属性的其他响应式数据的更新。

总体来说，Vue 3 的响应式原理更加高效和灵活，而且支持嵌套响应式对象和数组以及动态添加和删除属性等操作，是 Vue 2 响应式原理的重大升级。

5.1.3　Proxy 和 Object.defineProperty 的区别

Proxy 和 Object.defineProperty 的区别是前端开发者必须掌握的知识点。需要从不同角度分析二者的优势和区别，简略的总结见表 5.1。

- 功能：Object.defineProperty 主要用于监测对象属性的读取、赋值和删除等操作，而 Proxy 则可以拦截更多的底层操作，包括 has、set、deleteProperty、get 和 apply 等，从而可以实现更细粒度的自定义操作和行为。
- 监听：Object.defineProperty 只能监听对象的属性变化情况，而 Proxy 可以监听整个对象、对象的属性和数组等多种类型的对象变化情况。
- 性能：Proxy 对象比 Object.defineProperty 性能更高，因为 Proxy 在底层实现时是直接拦截整个对象，而 Object.defineProperty 需要在每个属性上进行操作，因此当监听的属性较多时，Proxy 的性能优势会更明显。
- 兼容性：Object.defineProperty 已经是 ES 5 标准，因此在现代浏览器中得到了广泛的支持，而 Proxy 则是 ES 6 中新增的特性，在一些老版本的浏览器中不被支持。

虽然 Proxy 和 Object.defineProperty 都可以用于监测数据变化和触发作用，但是它们也有一些区别。Proxy 整体上比 Object.defineProperty 更先进、完善，否则也不会选择升级。

表 5.1　Proxy和Object.defineProperty的区别

比　　较	Proxy	Object.defineProperty
功　　能	拦截底层操作，实现自定义操作	监听对象属性变化情况
监　　听	可监听整个对象、对象属性和数组等多种类型的对象变化情况	只能监听对象的属性变化情况
性　　能	较高	在属性较多时性能较差
兼　容　性	ES 6新增特性不被所有浏览器支持	ES 5标准，得到广泛支持

5.2　声　明　方　法

在 Vue 中，可以通过在组件选项中声明 methods 属性来给组件添加方法。这些方法可以在组件的模板（template）中调用，也可以在组件的 JavaScript 代码中调用。

新建一个文件 5-1.html，生成一段 HTML 5 的空白模板代码并引入 CDN。接下来编写一个简单的例子，输入以下代码：

```
...
<!DOCTYPE html>
<html lang="en">
...
<body>
  <!-- Vue 应用的根元素 -->
  <div id="app">
    <!-- 一个按钮，通过@click绑定单击事件handleClick -->
    <button @click="handleClick">声明方法 {{count}}</button>
  </div>

  <!-- Vue.js 代码块 -->
  <script>
    // 从 Vue 中解构出 createApp 函数
    const { createApp } = Vue;

    // 创建 Vue 应用实例
    createApp({
      // data()返回数据对象
      data() {
        return {
          count: 1                              // 初始的 count 值为 1
        };
      },
      methods: {
        // 单击事件处理函数
        handleClick() {
          this.count++;                         // 每次单击增加 count 值
          console.log('count=' + this.count);   // 打印 count 值
        }
      }
    }).mount('#app');              // 将实例挂载到 ID 为'app'的 DOM 元素上
  </script>
</body>
</html>
```

在上面的例子中，在组件选项中声明了一个名为 handleClick 的方法，并创建了一个按钮，通过@click 事件来调用。代码运行效果如图 5.2 所示。

单击按钮，按钮上的数字会增加，并在控制台输出 count 的数值。

需要注意的是，不能使用 ES 6 的箭头函数来替代 methods 的写法。示例如下：

```
// 正确写法
handleClick() {
  this.count++
  console.log('count=' + this.count)
```

```
    },
    // 错误写法
    // handleClick: () => {
    //   this.count++
    //   console.log('count=' + this.count)
    // }
```

运行错误的写法，得到如图 5.3 所示的效果。

图 5.2 在 methods 属性中声明方法

图 5.3 使用箭头函数在 methods 属性中声明方法

可以看到单击事件绑定成功了，但是 count 的值却没有发生变化。这是因为 Vue 自动为 methods 中的方法绑定了永远指向组件实例的 this。这样可以确保方法在作为事件监听器或回调函数时始终保持正确的 this。不应该在定义 methods 时使用箭头函数，因为箭头函数没有自己的 this 上下文。

5.2.1 Dom 更新时机

在 Vue 3 中，当组件的响应式数据发生变化时，Vue 会立即执行 DOM 更新，把变化的部分渲染到虚拟 DOM 上，并标记需要更新的部分，这个过程是同步执行的。接着，Vue 会在下一个微任务队列中执行一个 flush 阶段，把所有需要更新的部分一次性地批量更新到真实的 DOM 上，这个过程是异步执行的。由于 Vue 3 采用了新的编译器和渲染器，所以在处理虚拟 DOM 和批量更新方面比 Vue 2 更为高效和快速。

如果要等待 DOM 更新完成再执行相关的操作，则可以使用 nextTick 函数。输入以下代码：

```
...
import { nextTick } from 'vue'
...
nextTick(() => {
// DOM 更新后要执行的代码
})
...
```

在 Vue 中，nextTick 是一个非常重要的 API，用于在 DOM 更新之后执行一个回调函数。在 Vue 的响应式系统中，当数据发生变化时，Vue 会异步地执行 DOM 更新，把变化的部分渲染到真实的 DOM 上。这个过程是异步执行的，也就是说，在修改数据时，并不会立即看到 DOM 的变化，而是要等到下一个事件循环中才会更新。

在这种情况下，如果需要在 DOM 更新之后执行一些操作，如读取 DOM 的尺寸或者计算某些值，就需要使用 nextTick 函数。nextTick 函数可以让 DOM 更新之后执行一个回调函数，确保回调函数中的操作是在 DOM 更新之后执行的。

5.2.2　深层响应

在 Vue 3 中，深层响应性是一个非常重要的新特性，它使得 Vue 可以对嵌套的对象和数组进行更精细的响应式处理。在 Vue 2 中，只有根级别的属性才会被响应式追踪，而对于嵌套的属性，需要手动调用$set 或者使用 Vue.set 方法才能实现响应式更新。

在 Vue 3 中，可以通过在创建响应式对象时传入一个深层选项来实现深层响应性。深层选项可以是一个布尔值，表示是否需要对嵌套的对象和数组进行深层响应式追踪，也可以是一个选项对象，用于指定更精细的响应式配置。

下面是一个使用深层选项的例子：

```
...
<div id="app">
  <!-- 一个按钮，通过@click 绑定单击事件 handleClick -->
  <button @click="handleClick">声明方法 {{count}}</button>
  <br>
  <!-- 显示用户信息的<span>元素 -->
  <span>姓名：{{userInfo.name}} 年龄：{{userInfo.age}}</span>
  <!-- 一个按钮，通过@click 绑定单击事件 changeUserInfo -->
  <button @click="changeUserInfo">深层响应</button>
</div>
...
data() {
  return {
    ...
    userInfo: {
      name: '张三',
```

```
      age: 18
    }
  }
},
methods: {
  ...
  // changeUserInfo方法用于修改 userInfo 对象的属性
  changeUserInfo() {
    this.userInfo.name = '李四';
    this.userInfo.age = 20;
  }
}
...
```

代码运行后单击按钮，效果如图 5.4 所示。

图 5.4　v-model 的 number 修饰符用法演示

在上面的例子中，在 data 中创建了一个对象 userinfo，并在单击按钮时直接修改对象内部的值，可以看到直接就能得到响应，Vue 会自动进行响应式更新，不需要手动调用$set 方法。

5.3　计 算 属 性

computed（计算属性）是一种能够基于已有的响应式数据生成新的派生值（computed Value）的特殊属性。与 Vue 2 的计算属性类似，Vue 3 的计算属性也能够实现数据的自动更新、缓存等功能，但它的实现方式有所不同。

在 Vue 3 中，computed 函数接收一个工厂函数（也称为 getter 函数）作为参数，并返回一个响应式的 Ref 对象。当计算属性所依赖的响应式数据发生变化时，getter 函数会重新计算计算属性的值，从而触发依赖该计算属性的组件进行重新渲染。

5.3.1　computed 的基本用法

笔者直接举一个简单的例子来说明为什么要使用 computed。新建一个文件 5-2.html，生成一段 HTML 5 的空白模板代码并引入 CDN。

　　现在假设一个场景，网页上正在展示用户数据，用户年龄大于或等于 18 岁的显示为已成年，否则显示为未成年。如果使用模板语法，则代码如下：

```
...
<body>
  <!-- Vue 应用的根元素 -->
  <div id="app">
    <!-- 显示用户的姓名 -->
    <div>姓名：{{userInfo.name}}</div>
    <!-- 使用三元运算符来判断年龄是否成年，并显示相应的文本 -->
    <div>是否成年：{{ userInfo.age >= 18 ? '已成年' : '未成年'}}</div>
  </div>

  <!-- Vue.js 代码块 -->
  <script>
    // 从 Vue 中解构出 createApp 函数
    const { createApp } = Vue;

    // 创建 Vue 应用实例
    createApp({
      // data 函数返回数据对象
      data() {
        return {
          // userInfo 对象包含姓名和年龄属性
          userInfo: {
            name: '张三',
            age: 17
          }
        };
      },
      methods: {
        // 在这里可以定义 Vue 方法
      }
    }).mount('#app');           // 将实例挂载到 ID 为 'app' 的 DOM 元素上
  </script>
</body>
...
```

代码运行效果如图 5.5 所示。

图 5.5　使用模板语法展示用户数据

　　分析代码可以看出，页面通过判断 userInfo.age 来控制显示的信息。这样在模板中的表达式看似方便，但是只能用来做简单的操作而且会带来一些问题。例如，在模板中写太多逻辑，会让模板变得臃肿，难以维护；在模板中需要多次使用某个计算时，无法进行代码复用。

因此推荐使用计算属性来描述依赖响应式状态的复杂逻辑。重构后的代码如下：

```
...
<body>
  <div id="app">
    ...
    <div>是否成年：{{ isAdult }}</div>
  </div>

  <script>
    const { createApp } = Vue
    createApp({
      data() {
        ...
      },
      computed: {
        // 计算属性用于判断是否成年
        isAdult() {
          // 如果年龄大于 18，则返回'已成年'，否则返回'未成年'
          return this.userInfo.age > 18 ? '已成年' : '未成年'
        }
      },
      methods: {
      }
    }).mount('#app')
  </script>
</body>
...
```

代码运行效果如图 5.6 所示。

图 5.6　使用计算属性展示用户数据

上面这段代码通过 Vue 的 computed 属性动态计算用户是否成年，并将结果显示在页面上。这样的代码结构使得模板简洁和易读，同时利用 Vue 的响应式系统，实现了自动更新结果的功能。

5.3.2　computed 与 methods 的区别

5.3.1 节介绍了 computed 的基本用法，使用它替代了模板语法。可能读者会有疑问，为什么不用 methods 来实现这个功能呢？

现在分析一下，如果把 5.3.1 节的例子用 methods 写，则是这样的：

```
...
<div>是否成年: {{ isAdult() }}</div>
...
methods: {
  isAdult() {
    // 如果年龄大于 18, 则返回'已成年', 否则返回'未成年'
    return this.userInfo.age > 18 ? '已成年' : '未成年'
  }
}
...
```

运行这段代码,所展示的效果也是一样的。那么 computed 与 methods 的区别在哪里呢?
笔者总结了以下几点:

❑ 响应式依赖: computed 会自动追踪依赖, 只有相关的响应式数据发生变化时才会
重新计算; methods 没有响应式依赖, 每次使用都需要重新执行。

❑ 缓存机制: computed 会缓存计算结果, 只有在相关的响应式数据发生变化时才会
重新计算, 提高了性能; methods 没有缓存机制, 每次使用都需要重新执行。

❑ 使用场景: computed 适合处理复杂的逻辑计算, 并且计算结果需要被多次使用;
methods 适合处理简单的逻辑, 或者需要被多个组件调用的操作。

通过上面的总结可以了解 computed 和 methods 各自的应用场景和特点, 在开发过程中
需要根据具体的需求进行选择。

5.3.3　computed 的读写

在 Vue 3 中, computed 除了可以使用默认的 getter 函数外, 还可以使用 setter 函数实现
对计算属性的修改。下面分别介绍计算属性的 getter 和 setter 函数。

1. getter函数

计算属性的默认行为是返回一个值, 这个值是由 getter 函数计算得出的。在 Vue 3 中,
getter 函数可以直接作为计算属性的定义。编写以下示例代码:

```
...
<div>{{ fullName }}</div>
...
// Vue.js 部分
data() {
  return {
    // userInfo 对象包含姓名和年龄属性
    userInfo: {
      name: '张三',
      age: 17
    },
    // firstName 和 lastName 分别用于构建完整的姓名
    firstName: 'Elon',
    lastName: 'Musk'
  }
},
...

// 计算属性部分
computed: {
```

```
...
// 计算属性 fullName 用于返回完整的姓名
fullName() {
  return this.firstName + ' ' + this.lastName;
}
},
...
```

在 computed 中，默认会返回 getter 函数，也可以把 fullName 改为以下代码，手动设置 getter。

```
...
fullName: {
  get() {
    return this.firstName + ' ' + this.lastName
  }
}
...
```

代码运行效果如图 5.7 所示。

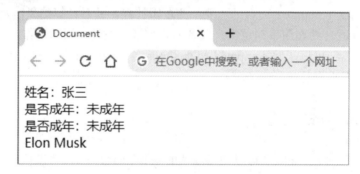

图 5.7 计算属性的 getter 函数

注意看代码，不仅 fullName 里增加了 get 函数，而且 fullName 后的括号变成了冒号，说明它从一个函数变为属性。如果写成括号就会报错无法运行，这是一个非常容易忽略的错误。

2. setter函数

除了使用默认的 getter 函数外，还可以定义一个 setter 函数，用于对计算属性进行修改。在 Vue 3 中，分别使用 get 和 set 两个函数来定义计算属性的 getter 和 setter。将前面的示例代码进行如下修改：

```
...
<!-- 一个按钮，通过 @click 绑定单击事件 changeFullName -->
<button @click="changeFullName">修改 fullName</button>
...
// 计算属性部分
computed: {
  // 计算属性 isAdult 用于判断是否成年
  isAdult() {
    return this.userInfo.age > 18 ? '已成年' : '未成年';
  },

  // 计算属性 fullName 用于获取和设置完整的姓名
```

```
    fullName: {
      get() {
        return this.firstName + ' ' + this.lastName;
      },
      set(newValue) {
        const parts = newValue.split(' ');
        this.firstName = parts[0];            // 设置 firstName
        this.lastName = parts[1];             // 设置 lastName
      }
    }
  },
  ...

  // 方法部分
  methods: {
    // changeFullName 方法用于修改 fullName 属性的值
    changeFullName() {
      this.fullName = 'Steve Jobs';           // 修改 fullName 属性的值
    }
  }
  ...
```

单击修改 fullName 按钮，运行效果如图 5.8 所示。

图 5.8　计算属性的 setter

在这个例子中定义了一个计算属性 fullName，它使用 set 函数实现对计算属性的修改。当修改 fullName 的值时，set 函数就会通过 newValue 接收新的值，此时只需要把获得的值进行解析赋值即可。

综上所述，Vue 3 的计算属性不仅支持默认的 getter 函数，还可以使用 setter 函数实现对计算属性的修改。这种方式不仅简化了组件中的逻辑代码，而且还提高了代码的可读性和可维护性。

5.4　侦听器 watch

在 Vue 3 中，侦听器 watch 是用来响应数据变化并执行一些逻辑操作的。侦听器可以监听一个或多个数据的变化情况，并在数据变化时自动执行回调函数。

在数据变化时执行异步操作或者一些复杂逻辑的情况下需要使用侦听器。在 Vue 3 中，可以通过 watch 函数来创建一个侦听器。

5.4.1　watch 的基本用法

本节参考一个官方文档的例子，这个例子通过 watch 监听用户输入的情况，请求 API 获取答案。由于官方文档提供的是英文例子，这里笔者将它改写为中文展示。

新建一个文件 5-3.html，生成一段 HTML 5 的空白模板代码并引入 CDN，最后输入以下代码：

```
<!DOCTYPE html>
<html lang="en">

<head>
  ...
</head>

<body>
  <!-- Vue 应用的根元素 -->
  <div id="app">
    <!-- 输入框，使用 v-model 双向绑定数据到 question -->
    <p>
      问一个问题，我会回答是或否：
      <input v-model="question" />
    </p>
    <!-- 显示回答 -->
    <p>{{ answer }}</p>
  </div>

  <!-- Vue.js 代码块 -->
  <script>
    // 从 Vue 中解构出 createApp 函数
    const { createApp } = Vue;

    // 创建 Vue 应用实例
    createApp({
      // data 函数返回数据对象
      data() {
        return {
          question: '',                              // 用于输入问题
          answer: '问题最后需要添加问号才能执行 ;-)'    // 初始回答文本
        };
      },

      // watch 用于监听 question 的变化
      watch: {
        question(newQuestion, oldQuestion) {
          // 兼容中英文的问号，如果输入的问题中包含问号，则获取答案
          if (newQuestion.indexOf('?') > -1
            || newQuestion.indexOf('? ') > -1) {
            this.getAnswer();                        // 调用方法获取答案
          }
        }
      },

      methods: {
        // getAnswer 方法用于获取问题的答案
        async getAnswer() {
```

```
            this.answer = '思考中...';              // 更新答案文本为'思考中...'
            try {
                // 发送请求到 API 获取答案
                const res = await fetch('https://yesno.wtf/api');
                // 解析 API 响应，设置回答文本
                this.answer = (await res.json()).answer == 'yes' ? '是' : '否';
            } catch (error) {
                // 如果出错，则显示错误信息
                this.answer = 'Error! Could not reach the API. ' + error;
            }
        }
    }
    }).mount('#app');                              // 将实例挂载到 ID 为'app'的 DOM 元素上
  </script>
</body>
</html>
```

保存代码并使用浏览器打开，运行效果如图 5.9 所示。

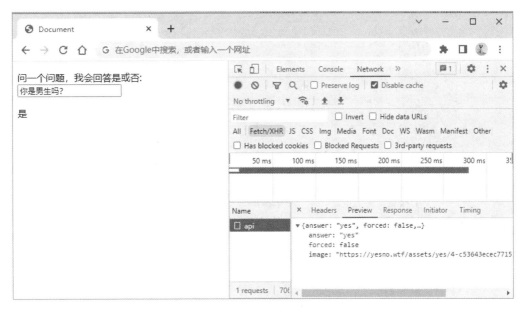

图 5.9　watch 的基本用法

这段代码虽然不长，但是却展示了一个很完整的流程。首先可以通过输入框输入自己的问题，在输入问号的时候，watch 就会调用 API 接口获取问题的答案。在接口完成响应后，答案会出现在输入框下方。读者在掌握了这段代码的使用方式后，可以尝试把 watch 的监听改为实时获取答案进行练习。

5.4.2　深层侦听器

在 Vue 3 中，watch 函数提供了 deep 选项来深度监听对象或数组的变化。当 deep 选项为 true 时，Vue 会递归地遍历对象或数组的所有属性，并在其中任何一个属性发生变化时触发回调函数。

深层监听的应用场景包括以下几种：

□　对象或数组的属性是响应式的，但新属性添加后需要进行响应式处理。

□　无法预知对象或数组的层级结构，或者需要动态添加或删除属性。

□　需要监听对象或数组中所有属性变化的情况。

需要注意的是，深层监听会带来一定的性能开销，因为 Vue 需要递归遍历对象或数组的所有属性。因此，在没有必要的情况下，应该尽量避免使用深层监听。

新建一个文件 5-4.html，生成一段 HTML 5 的空白模板代码并引入 CDN，最后输入以下代码：

```html
<!DOCTYPE html>
<html lang="en">
<head>
 ...
</head>

<body>
  <!-- Vue 应用的根元素 -->
  <div id="app">
    <div>
      <h2>Watch 深度监听 Demo</h2>
      <!-- 输入框，使用 v-model 双向绑定数据到 userInfo.firstName -->
      <div>
        <label>First Name: </label>
        <input v-model="userInfo.firstName" />
      </div>
      <!-- 输入框，使用 v-model 双向绑定数据到 userInfo.lastName -->
      <div>
        <label>Last Name: </label>
        <input v-model="userInfo.lastName" />
      </div>
      <!-- 一个按钮，通过@click 绑定单击事件 changeUserInfo -->
      <button @click="changeUserInfo">修改用户信息</button>
    </div>
  </div>

  <!-- Vue.js 代码块 -->
  <script>
    // 从 Vue 中解构出 createApp 函数
    const { createApp } = Vue;

    // 创建 Vue 应用实例
    createApp({
      // data 函数返回数据对象
      data() {
        return {
          // userInfo 对象包含 firstName 和 lastName 属性
          userInfo: {
            firstName: 'Arthur',
            lastName: 'Morgan'
          },
        };
      },

      // watch 用于监听 userInfo 对象的深度变化
      watch: {
        userInfo: {
          // handler 用于处理 userInfo 对象变化的回调函数
```

```
      handler(newVal, oldVal) {
        console.log(`旧的值为: ${JSON.stringify(oldVal)}`);
        console.log(`新的值为: ${JSON.stringify(newVal)}`);
      },
      deep: true                              // 深度监听设置为 true
    }
  },

  methods: {
    // changeUserInfo 方法用于修改 userInfo 对象的属性值
    changeUserInfo() {
      this.userInfo.firstName = 'John';       // 修改 firstName 属性值
      this.userInfo.lastName = 'Marston';     // 修改 lastName 属性值
    }
  }
  }).mount('#app');               // 将实例挂载到 ID 为 'app' 的 DOM 元素上
  </script>
</body>
</html>
```

保存代码并使用浏览器打开，运行效果如图 5.10 所示。

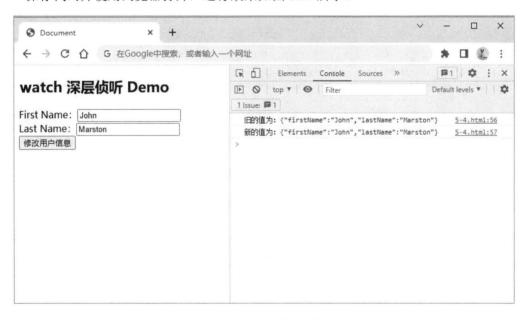

图 5.10　watch 的深层侦听

上面这段 Vue 3 代码定义了一个展示用户姓名的简单页面。页面的 Vue 实例定义了一个 data 属性 userInfo，用于保存用户信息。当用户单击按钮修改用户信息时会对 userInfo 的 firstName 和 lastName 进行替换。另外还定义了一个 watch 选项，当 userInfo 发生变化时，会触发 watch 监听函数。在监听函数中，使用了 Vue 3 中的深层监听选项 deep，以便监听 userInfo 对象中的属性变化。当用户单击按钮时，会调用 changeUserInfo 方法将 userInfo 属性更新为一个新的对象，触发 watch 监听函数并打印出旧值和新值。

需要注意的是，如果将 deep 的值改为 false，虽然也能修改值，但是控制台中并不会输出任何内容，也就是说不会触发 watch 的监听。

5.4.3 即时回调的侦听器

在 Vue 3 中，watch 默认是懒执行的，只有当被侦听的数据源发生变化时才会执行回调函数。但在某些场景下希望创建侦听器时，应立即执行一遍回调函数。例如，在页面加载时请求一些初始数据，然后在相关状态更改时重新请求数据。

为了实现 watch 的即时回调，可以在 watch 选项对象中，通过设置 immediate 为 true 来实现。当 immediate 为 true 时，Vue 会在侦听器创建后立即执行一次回调函数，然后才会开始监听数据源的变化。

继续修改 5-4.html，输入以下代码：

```
...
<body>
  <!-- Vue 应用的根元素 -->
  <div id="app">
    ...
    <div>
      <h2>Watch 即时回调 Demo</h2>
      <!-- 输入框，使用 v-model 双向绑定数据到 count -->
      <div>
        <label>Count: </label>
        <input v-model="count" />
      </div>
      <!-- 显示双倍的 Count -->
      <div>
        <label>Double Count: </label>
        <span>{{ doubleCount }}</span>
      </div>
    </div>
  </div>

  <!-- Vue.js 代码块 -->
  <script>
    // 从 Vue 中解构出 createApp 函数
    const { createApp } = Vue;

    // 创建 Vue 应用实例
    createApp({
      // data 函数返回数据对象
      data() {
        return {
          ...
          count: 1,                          // 初始化 count
          doubleCount: 1                     // 初始化 doubleCount
        };
      },
      watch: {
        ...
        // 监听 count 属性变化
        count: {
          // immediate 设置为 true，即时执行回调
          immediate: true,
          // handler 处理 count 属性变化的回调函数
          handler(newVal, oldVal) {
```

```
                this.doubleCount = newVal * 2; //更新 doubleCount 为 count 的两倍
          }
        }
      },
      // 其他选项...
    }).mount('#app');                         // 将实例挂载到 ID 为'app'的 DOM 元素上
  </script>
</body>
...
```

保存代码并使用浏览器打开，运行效果如图 5.11 所示。

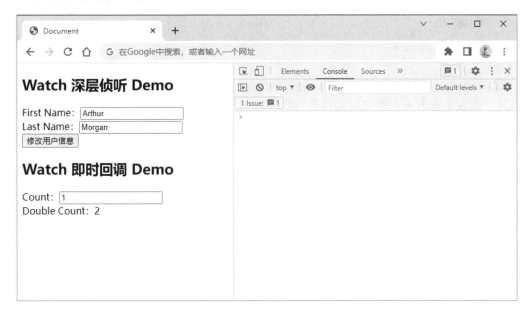

图 5.11　watch 的即时回调

上面这段代码不难理解，count 是输入的数字，默认值为 1。同时增加了一个 watch，在 count 值变化时，doubleCount 会自动变成 count 值的两倍。由于设置了 immediate 为 true，所以 doubleCount 的值在一开始就会被计算为 2。

除了前面提到的 immediate 和 deep，侦听器中还有其他的选项，如表 5.2 所示。

表 5.2　watch的选项配置

选项名称	类　型	默认值	描　述
immediate	Boolean	false	是否在侦听器创建后立即执行一次回调函数
deep	Boolean	false	是否深度监听对象或数组的变化
flush	String	pre	控制侦听器在何时执行回调函数。可设置为pre、post 和sync

flush 的使用场景比较少，每个选项的使用这里就不一一赘述了，感兴趣的读者可自行查阅相关资料。

5.4.4　computed 和 watch 的区别

在 Vue 3 中，computed 和 watch 都是用来监听数据变化的。虽然它们的功能看起来比较相似,但是二者也存在许多区别,这也是常见的一道面试题,读者务必用心掌握。computed 和 watch 的主要区别如下。

1．实现方式不同

- ❑ computed 是通过一个函数来实现的，这个函数中包含所依赖的数据，当其中任何一个数据变化时,computed 会重新计算结果并返回新值。因为计算结果是缓存的，所以只有当依赖的数据发生改变时才会重新计算。
- ❑ watch 是通过观察特定的数据来实现的，一旦观察的数据发生变化，就会执行一个回调函数。

2．使用场景不同

- ❑ computed 适合用于计算一个值的场景，而且这个值依赖于一些响应式数据，如计算表单输入项是否填写完成等。
- ❑ watch 适合用于监听某个特定数据的变化，如监听用户输入的关键词实时发起网络请求搜索、监听窗口大小变化动态调整页面布局等。

3．返回值不同

- ❑ computed 返回计算结果，这个结果可以是任何值，包括原始类型、对象或者数组。
- ❑ watch 没有返回值，它执行一个回调函数来响应数据变化。

4．支持异步

- ❑ computed 不支持异步，当 computed 内有异步操作时无效，无法监听数据的变化。
- ❑ watch 支持异步。

5．是否有缓存

- ❑ computed 所依赖的属性不变时会调用缓存。
- ❑ watch 不支持缓存，每次监听的值发生变化时都会调用回调。

computed 和 watch 的知识点就介绍到这里了。5.5 节将会综合本节所学习的内容，实现一个简单的购物车功能，把知识点梳理清楚。

5.5　综合案例：购物车的实现

以下是一个简单的购物车实例，包括商品列表、添加商品到购物车、计算购物车总价等功能，采用 Vue 3 中的 computed 和 watch 来实现。需要注意的是，该实例仅用于演示 Vue 3 中 computed 和 watch 的使用，实际情况下应该将业务逻辑和 UI 层分离，采用组件化方式开发。

新建一个文件 5-5.html，生成一段 HTML 5 的空白模板代码并引入 CDN。由于这次编写的是一个小型的实例，所以代码比之前的多一些。完整的代码如下：

```
<!DOCTYPE html>
<html lang="en">
```

```html
<head>
  <!-- 设置文档头部信息 -->
  <meta charset="UTF-8" />
  <meta name="viewport" content="width=device-width, initial-scale=1.0" />
  <meta http-equiv="X-UA-Compatible" content="ie=edge" />

  <!-- 引入 Vue.js -->
  <script src="https://unpkg.com/vue@next"></script>

  <!-- 设置页面标题 -->
  <title>购物车 Demo</title>
</head>

<body>
  <!-- Vue 应用的根元素 -->
  <div id="app">
    <!-- 商品列表 -->
    <h1>商品列表</h1>
    <ul>
      <!-- 使用 v-for 遍历 products 数组 -->
      <li v-for="(product, index) in products" :key="index">
        <!-- 显示商品名称和价格 -->
        {{ product.name }} - {{ product.price }}元

        <!-- 单击按钮触发 addToCart 方法,传入当前索引 -->
        <button @click="addToCart(index)">加入购物车</button>
      </li>
    </ul>

    <!-- 购物车 -->
    <h1>购物车</h1>
    <ul>
      <!-- 使用 v-for 遍历 cart 数组 -->
      <li v-for="(item, index) in cart" :key="index">
        <!-- 显示购物车中的商品名称、价格和数量 -->
        {{ item.name }} - {{ item.price }}元 x {{ item.count }}

        <!-- 单击按钮触发 removeProduct 方法,传入当前索引 -->
        <button @click="removeProduct(index)">移除商品</button>
      </li>
    </ul>

    <!-- 显示购物车总价 -->
    <div>总价: {{ totalPrice }}元</div>
  </div>

  <!-- Vue 代码块 -->
  <script>
    // 从 Vue 中解构出 createApp 函数
    const { createApp } = Vue;

    // 创建 Vue 应用实例
    createApp({
      // data() 返回数据对象
```

```
    data() {
      return {
        // 商品列表
        products: [
          { name: "手机", price: 5999 },
          { name: "平板", price: 7999 },
          { name: "计算机", price: 9999 },
        ],
        // 购物车
        cart: []
      }
    },

    // methods 包含自定义方法
    methods: {
      // 添加商品到购物车
      addToCart(index) {
        const product = this.products[index];
        const item = this.cart.find((item) => item.name === product.name);
        if (item) {
          item.count++;
        } else {
          this.cart.push({ ...product, count: 1 });
        }
      },

      // 从购物车中移除商品
      removeProduct(index) {
        var count = --this.cart[index].count;
        if (count == 0) {
          this.cart.splice(index, 1);
        }
      }
    },

    // computed 包含计算属性
    computed: {
      // 计算购物车总价
      totalPrice() {
        return this.cart.reduce((total, item) => {
          return total + item.price * item.count;
        }, 0);
      },
    },

    // watch 用于监听数据的变化
    watch: {
      // 监听购物车中商品数量的变化
      cart: {
        handler(newVal, oldVal) {
          console.log("cart changed", newVal);
        },
        deep: true,                    // 深度监听
        immediate: true                // 立即执行回调
      }
    }
```

```
    }).mount("#app");              // 将实例挂载到 ID 为'app'的 DOM 元素上
  </script>
</body>
</html>
```

成功运行代码后，效果如图 5.12 所示。

图 5.12　购物车实例运行效果

　　HTML 部分包括两个商品列表和一个显示总价的区域，使用 Vue 模板语法（双括号）来显示商品名称、价格和数量，以及"加入购物车"和"移除商品"按钮，这些按钮通过 v-on 指令绑定到 Vue 实例的 addToCart 和 removeProduct 方法中。单击"加入购物车"按钮，就会增加购物车中商品的数量并影响总价，单击"移除商品"按钮则反之。

　　data 部分包括两个数组，即 products 和 cart，分别代表商品列表和购物车列表。

　　methods 部分包括 addToCart 和 removeProduct 方法，分别用于将商品添加到购物车中以及从购物车中移除商品。addToCart 方法查找商品对象是否已经存在于购物车列表中，如果存在，则将其数量加 1，否则将该商品添加到购物车列表中。removeProduct 方法首先减少购物车列表中该商品的数量，如果该商品的数量减少到 0，则从购物车列表中移除该商品。

　　computed 部分包括一个计算属性 totalPrice，用于计算购物车中所有商品的总价。

　　watch 部分包括一个监听器，用于在购物车列表发生变化时触发回调函数，该回调函数用于打印购物车列表的新值。

　　上面这段代码使用 Vue 3 构建了一个简单的购物车应用程序，它包括一些 Vue 3 的基本功能，如模板语法、数据绑定、计算属性和监听器等。如果没有成功运行这段代码的读者，可以参考随书的示例代码。

5.6　小　　结

本章的内容大部分是理论类的知识，可能看起来比较枯燥。但是只有了解了 Vue 3 响应式的实现原理，以及 Vue 2 和 Vue 3 的实现区别，才能为后续的学习和开发打下坚实的基础。在学习本章内容时，建议读者多动手实践，例如，通过自己编写代码，观察响应式数据的变化，加深对响应式原理的理解。此外，本章还介绍了 Vue 3 中的声明方法、DOM 更新时机、深层响应性、计算属性和侦听器等，读者可以根据文中的示例尝试自己编写一些练习代码。掌握本章的知识点将对 Vue 3 的深入学习和实际开发非常有帮助。

第 6 章　组件化开发

前端的组件化开发是一种将页面视为组件集合，将每个组件视为独立的模块来开发的方法。在组件化开发中，每个组件都有自己的样式、行为和状态，并且可以嵌套和组合成更复杂的组件，以构建整个应用程序。组件化开发可以让开发人员更好地复用已经开发好的组件，减少重复的代码开发，从而提高开发效率和代码质量。每个组件都有自己的状态和行为，在维护和修改时可以更容易地定位和调试问题，从而提高代码的可维护性。

现代的优秀前端框架例如 Vue、React 和 Angular 等，通常采用的是组件化框架。这些框架提供了组件化开发的基本架构，使得开发人员可以更方便地开发和维护组件，更轻松地构建复杂的应用程序。

本章涉及的主要内容点如下：

- ❑　组件的构成；
- ❑　组件的基本用法；
- ❑　Vue 生命周期；
- ❑　组件的通信方式；
- ❑　综合练习：待办列表。

6.1　组件的构成

在 Vue 3 中，组件是由一个 Vue 实例定义的。可以通过 Vue.createApp 方法创建一个 Vue 应用程序实例，并通过组件选项对象来定义一个组件，回忆一下之前用 CDN 创造的项目例子，基本都是通过 createApp 创造的根组件。组件选项对象包括组件的模板、数据、计算属性和方法等。

6.1.1　Vue 中的组件

在 Vue 3 中，组件是应用程序的核心之一，是构建复杂应用程序的基本单位，可以帮助开发人员将应用程序拆分成多个可复用和可组合的部分，从而实现更高效、更灵活和更可维护的开发。当使用 create-vue 构建项目时，Vue 组件会定义在一个单独的.vue 文件中，称为单文件组件（简称 SFC）。使用 create-vue 创建一个例子：

```
npm create vue@3
```

输入项目名，选择启用 TypeScript，其他选 NO，运行效果如图 6.1 所示。

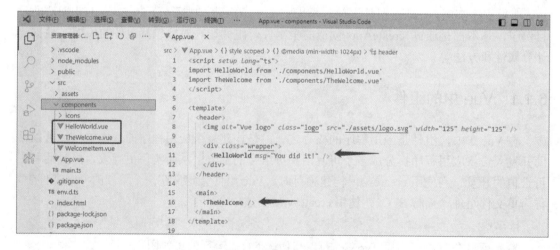

图 6.1　components 项目创建过程

接下来按照图 6.1 中的指示，分别运行下面 3 个命令。

```
cd components
npm install
npm run dev
```

如果运行失败，那么请参考 1.2 节和 1.3.4 节的内容。如果一切顺利，那么打开项目，查看 src 目录下的 App.vue。从图 6.2 中可以看到，App.vue 引用了 HelloWorld 和 TheWelcome 这两个组件。

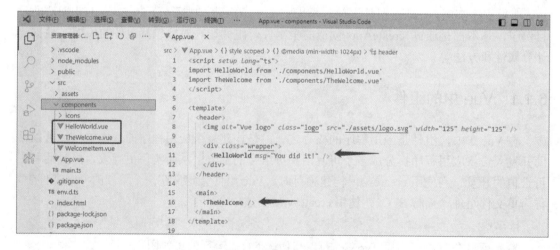

图 6.2　项目中的组件

在 Vue 3 中，每个组件都可以包含一个或多个模板、样式和 JavaScript 代码，这些内容被封装在组件内部，组件可以被多次使用，而不需要重复编写代码。由于 Vue 3 支持组件化，所以应用程序的不同功能可以被拆分成独立的组件。这种方式可以使代码的维护变得更加容易，因为每个组件都具有明确的职责和作用，而且可以独立地进行开发和测试。

至此，一个简单的示例已经展示完毕，6.1.2 节将讲解前端中的组件化思想。

6.1.2　组件化思想

组件化思想是一种软件设计和开发思想，它将软件系统划分为独立、可重用的组件，这些组件可以在不同的应用程序中使用，并且可以被不同的开发者独立地开发、测试和维护。

组件化思想的主要目标是提高软件的可重用性、可维护性和可扩展性。通过将系统拆分为独立的组件，可以使每个组件的职责更加清晰，降低组件之间的耦合性，从而提高整个系统的可维护性和可扩展性。此外，组件化思想还可以提高开发效率，因为可以重复使用现有的组件，而不需要重新开发一遍。一个常见的组件化结构如图 6.3 所示。

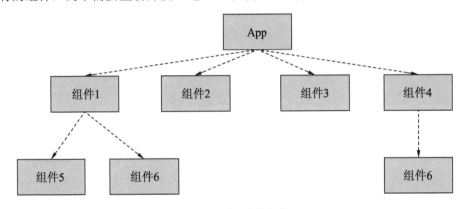

图 6.3　项目中的组件

最后谈谈组件化在前端开发中的应用。前端开发经常使用组件化思想来构建用户界面，例如将一个大型的应用程序拆分为多个小的组件，每个组件都可以被独立地开发和测试，最终再将这些组件组合起来构建出完整的用户界面。也可以使用组件化思想来构建服务组件，将业务拆分为多个服务组件，每个服务组件负责一个特定的功能，这些服务组件可以被不同的模块所共享。

6.2　组件的基本用法

组件是 Vue 开发中不可或缺的一部分。它们是可复用、独立的代码单元，可以将大型应用程序分解为更小、更易于管理的部分。在本节中，笔者将会介绍如何创建和使用组件，并深入介绍全局组件与局部组件。

6.2.1　定义一个组件

组件的命名通常采用驼峰式（PascalCase），因为驼峰式是合法的 JavaScript 标识符。这使得在 JavaScript 中导入和注册组件时都很容易，同时开发工具也能提供较好的自动补全功能。当使用构建步骤时，一般会将 Vue 组件定义在一个单独的.vue 文件中，这叫作单文件组件（Single-File Component，SFC）。

打开在 6.1 节创建的项目，并在 src/component 下新建一个文件 MyComponent.vue，输入以下代码：

```ts
<script lang="ts">
// 导出组件对象
export default {
  // data 方法用于返回数据对象
  data() {
    return {
      // 组件内的数据
      text: '',                          // 用户输入的文本
      displayText: ''                    // 用于显示的文本
    }
  },
  // methods 包含组件内的方法
  methods: {
    // showText 方法用于显示文本
    showText() {
      this.displayText = this.text;      // 将输入的文本赋值给显示文本
    }
  }
}
</script>

<template>
  <!-- 组件的模板 -->
  <div>
    <!-- 输入框，使用 v-model 双向绑定数据到 text -->
    <input v-model="text" />

    <!-- 按钮，单击触发 showText 方法 -->
    <button @click="showText">显示</button>

    <!-- 使用 v-if 根据条件显示 displayText -->
    <div v-if="displayText">{{ displayText }}</div>
  </div>
</template>

<style>
/* 组件的样式 */
button {
  margin-left: 10px; /* 给按钮添加左边距 */
```

```
    }
</style>
```

目录结构如图 6.4 所示。

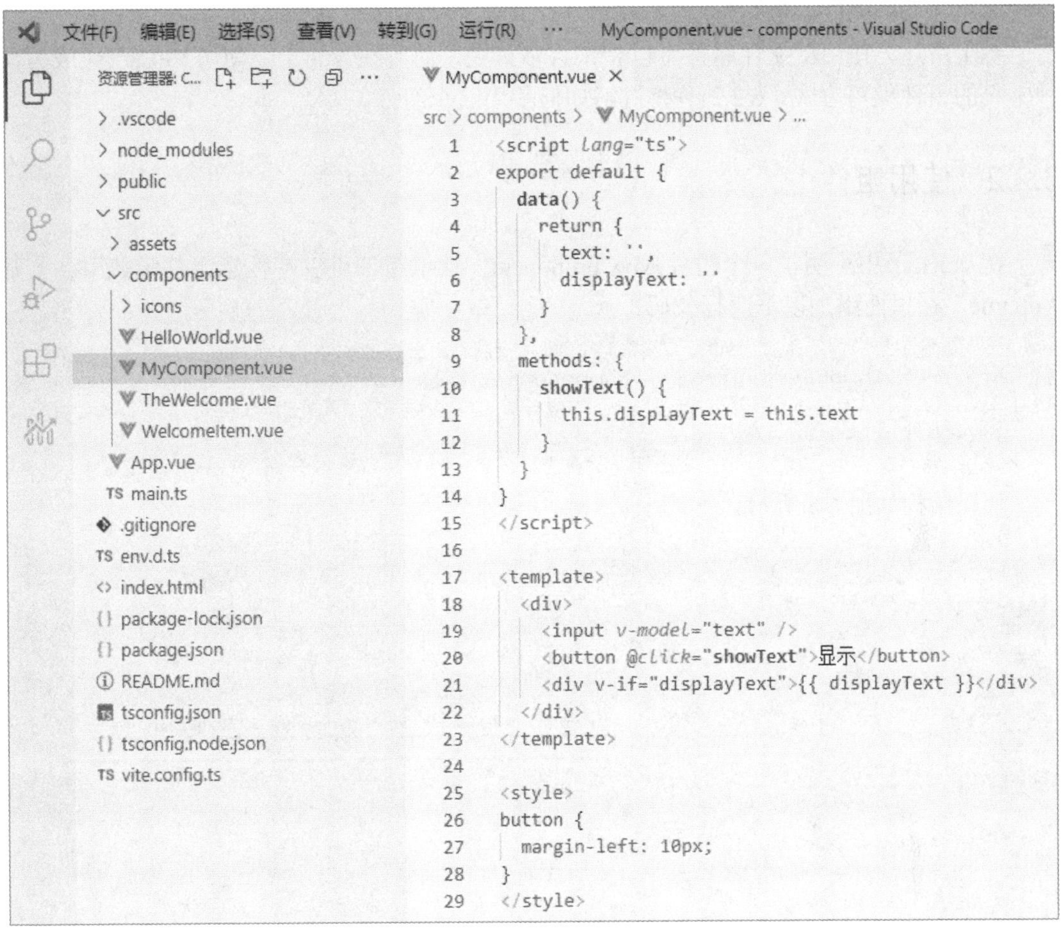

图 6.4　目录结构与组件

现在组件已经定义好了，MyConponent 组件的功能并不多，只有一个将 input 的值单击展示的功能，但是用来演示如何使用组件已经可以了。这个组件拥有 script、template 和 style 三个部分，分别需要用 TypeScript、HTML 和 CSS 代码来构建，而 Vue 的单文件组件正是这 3 种经典语言组合的延伸。最后总结一下单文件组件的优势：

❑ 模块化：SFC 将一个组件的所有代码（HTML、CSS 和 JavaScript）都放在一个文件中，使得代码的组织和管理更加方便。这样可以更好地将代码分离为小的、可重用的部分，从而提高代码的可维护性。

❑ 更好的开发体验：在 SFC 中，可以使用像<template>、<style>和<script>这样的标签来组织代码。这使得代码更加清晰、易懂，并且可以提供更好的语法高亮、代码补全和错误提示等功能。

❑ 更好的构建体验：在 Vue 3 中，使用 SFC 可以快速完成组件的构建和优化，包括自动提取 CSS、代码拆分、压缩和缓存等功能。这使得开发者可以更好地控制组件的构建过程，并且可以获得更好的构建性能和用户体验。

❑ 更好的性能：在 Vue 3 中，SFC 可以通过 Vue 的编译器来编译组件的模板，将其转换为渲染函数。这样可以提高组件的性能，因为渲染函数比模板字符串更快，并且可以进行更多的优化。

综上所述，使用单文件组件可以带来许多好处，而且在 Vue 3 中使用 SFC 已经成为一种常见的组件编写方式。6.2.2 节将讲解如何使用这个组件。

6.2.2　使用组件

在 6.2.1 节中声明了一个组件 MyComponent，这个组件可以在任意组件中使用。打开 App.vue，在里面添加以下两行代码：

```
...
import MyComponent from './components/MyComponent.vue'
...
<MyComponent />
...
```

代码结构如图 6.5 所示。

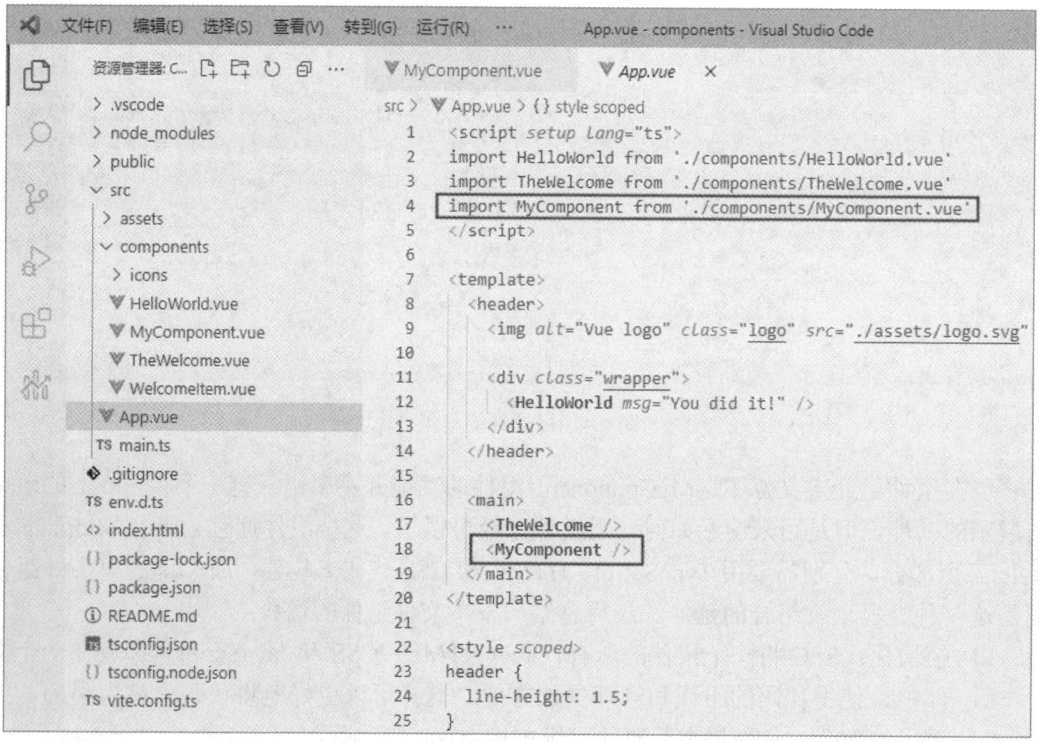

图 6.5　App.vue 代码结构

保存代码，运行效果如图 6.6 所示。

注意看图 6.6 的最下方，有一个输入框和按钮，输入任意内容，单击"显示"按钮即可将内容通过双向绑定显示出来。这段代码的整个逻辑都封装在了 MyComponent 中，在 App.vue 中只需要通过 import 引入并用标签即可显示，真正做到了开箱即用。

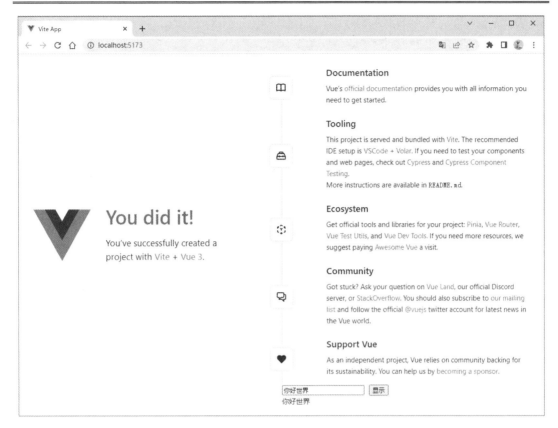

图 6.6　在 App.vue 中使用 MyComponent 组件

6.2.3　全局组件

在 6.2.2 节中学习了如何使用组件,但是每次都引入组件的路径有一些麻烦。这里笔者给大家介绍一个新的方案——全局组件。全局组件是在 Vue 应用程序中注册的组件,可以在任何地方使用。在 Vue 3 中,全局组件使用 app.component 方法进行注册。

打开 main.ts,将里面的代码修改如下:

```
import { createApp } from 'vue'
import App from './App.vue'
import './assets/main.css'
import MyComponent from './components/MyComponent.vue'

// 旧的写法
// createApp(App).mount('#app')

// 错误写法 1
// createApp(App).mount('#app').component('MyComponent', MyComponent)

// 错误写法 2
// const app = createApp(App).mount('#app')
// app.component('MyComponent', MyComponent)

// 正确的写法
```

```
// 创建应用实例，必须第一个执行
const app = createApp(App)
// 注册组件
app.component('MyComponent', MyComponent)
// 将应用实例挂载到容器中，必须最后执行
app.mount('#app')
```

笔者对 main.ts 中的代码进行了注释，并列举了两种新手容易出现的错误写法。开发者不仅要写对，而且还要知道原理，即能说出为什么要这么写。下面分析正确写法的代码。Vue 的应用必须经过一个过程，也就是创建应用实例和挂载到容器。一个在开始执行，另一个在最后执行。因此不管是全局组件注册 app.component，还是未来其他的操作，都要在这两个操作中间添加。

接下来可以打开 App.vue，把 import MyComponent 删除并保存代码，如果仍然可以正常显示组件，那么就完成了注册。最后，读者可以尝试把自动生成的 HelloWorld 和 TheWelcome 组件也改成全局组件，看看能不能成功运行。

6.2.4　局部组件

局部组件，顾名思义就是在 Vue 组件中注册的组件，仅可在该组件及其子组件中使用。实际上，在 6.2.2 节中使用的方式就是局部组件注册。那么局部组件和全局组件有什么优缺点呢？

全局组件：

❑ 通过 app.component 全局注册，可在应用程序的任何位置使用。

❑ 不需要在每个组件中单独导入，方便全局使用。

❑ 全局注册但未被使用的组件无法在生产打包时被自动移除，可能会导致打包文件过大。

❑ 会使项目依赖关系变得不太明确，可能会影响应用程序长期的可维护性。

局部组件：

❑ 通过 components 属性进行局部注册，只能在该组件及其子组件中使用。

❑ 可以在父组件中直接导入，使组件之间的依赖关系更加明确。

❑ 对 tree-shaking 更加友好，不会包含未使用的组件，减少打包文件大小。

❑ 在使用时需要在每个组件中单独导入，使用相对麻烦。

因此，当需要创建多个组件并在整个应用程序中重复使用时，全局组件可能是更好的选择；而当组件只在单个组件或其子组件中使用时，局部组件更加适合。在任何情况下，应该根据组件的可维护性和打包大小等因素来选择合适的组件方式。

那么有没有一种组件，既包含全局组件的优点，又包含局部组件的优点呢？还真有！这就是 Vue 作者尤雨溪强力推荐的插件 unplugin-vue-components。下面讲解如何使用该插件。首先安装该插件，在项目目录下使用命令行输入以下指令：

```
npm i unplugin-vue-components -D
```

安装完成后还需要进行一些配置。添加以下代码：

```
// vite.config.ts
import Components from 'unplugin-vue-components/vite'
```

```
export default defineConfig({
  plugins: [vue(),Components({ /* options */ })],
...
})
```

如果使用 Vue CLI 或者 Webpack，则添加以下代码：

```
// vue.config.js 或者 webpack.config.js
module.exports = {
  configureWebpack: {
    plugins: [
      require('unplugin-vue-components/webpack')({ /* options */ }),
    ],
  },
}
```

注释掉所有全局或局部注册的代码，不需要注册，在任意地方可以使用任意组件，原理是在运行时动态按需引入组件，简单总结如下：

❑ 全局组件：不管用不用，全部引入。

❑ 局部组件：哪里需要，手动在哪里引入。

❑ 按需引入：哪里需要，动态在哪里自动引入。

按需引入方式既解决了全局组件效率低的问题，又解决了局部组件手动引入不方便的问题。在工作中经常会用到这样的工具来提高生产力，这也是面试中的考点，因此请读者务必牢牢掌握。

6.3　Vue 的生命周期

生命周期函数是 Vue 3 中非常重要的一部分，它可以让开发者在组件的不同阶段添加自己的逻辑和处理。Vue 3 中的生命周期函数与 Vue 2 有所不同，如新增的 setup 函数、更改的 beforeMount 函数等。

本节将会介绍 Vue 3 中的生命周期函数，以及每个生命周期函数的作用和调用时机。了解生命周期函数，可以更好地理解 Vue 3 的运行机制，更好地设计和开发应用程序。

6.3.1　生命周期的基本用法

首先看一下 Vue 3 中的生命周期函数的调用时机，Vue 3 的生命周期函数如图 6.7 所示。

从图 6.7 中可以看出，Vue 3 的生命周期函数可以分为 3 个阶段：创建阶段、更新阶段和销毁阶段。如果需要在组件的生命周期中进行一些逻辑处理，可以在相应的生命周期函数中添加对应的代码。接下逐一介绍每个生命周期函数的作用和调用时机。还是用 components 项目，在 MyComponent.vue 文件中完成下面的示例代码。

1．setup函数

setup 函数是 Vue 3 中新加入的一个生命周期函数，它在组件实例被创建之前调用，并且只会被调用一次，其他生命周期函数都在它里面声明。该函数的返回值将作为组件的初始数据可以是一个对象或者一个函数，用于设置响应式数据、引用其他组件或者服务等。

在这个阶段，组件的生命周期钩子函数和响应式数据还没有设置。

```
setup(props, context) {
  console.log('setup')
  return {}
},
```

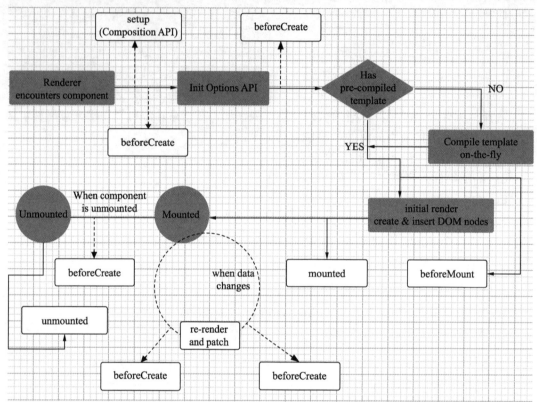

图 6.7　Vue 3 的生命周期

为了方便后面的代码演示，先导入所有的生命周期：

```
import { onBeforeMount, onMounted, onBeforeUpdate, onUpdated,
onBeforeUnmount, onUnmounted, onActivated, onDeactivated, onErrorCaptured }
from 'vue';
```

2. onBeforeMount函数

在组件挂载到页面之前调用 onBeforeMount 函数，此时组件的响应式数据已经被设置
完成，但是组件的$el 属性还没有被创建。

```
setup(props, context) {
  console.log('setup')
  onBeforeMount(() => {
    console.log('onBeforeMount 组件即将挂载到页面');
  });
  return {}
},
```

3．onMounted函数

在组件挂载到页面后调用 onMounted 函数，此时组件已经被创建并插入页面中。

```
setup(props, context) {
  console.log('setup')
  ...
  onMounted(() => {
    console.log('onMounted 组件已经挂载到页面');
  });
  return {}
},
```

4．onBeforeUpdate函数

在组件更新之前调用 onBeforeUpdate 函数，即在数据改变之后、DOM 重新渲染之前被调用。

```
setup(props, context) {
  console.log('setup')
  ...
  onBeforeUpdate(() => {
    console.log('onBeforeUpdate 组件即将更新');
  });
  return {}
},
```

5．onUpdated函数

在组件更新之后调用 onUpdated 函数,即在数据改变之后、DOM 重新渲染之后被调用。

```
setup(props, context) {
  console.log('setup')
  ...
  onUpdated(() => {
    console.log('onUpdated 组件已经更新');
  });
  return {}
},
```

6．onBeforeUnmount函数

在组件卸载之前调用 onBeforeUnmount 函数，此时组件仍然处于活动状态，可以访问组件实例的所有属性和方法。

```
setup(props, context) {
  console.log('setup')
  ...
  onBeforeUnmount(() => {
    console.log('onBeforeUnmount 组件即将卸载');
  });
  return {}
},
```

7．onUnmounted函数

在组件卸载之后调用 onUnmounted 函数，此时组件已经被销毁，无法再访问到组件实例的属性和方法。

```
setup(props, context) {
  console.log('setup')
  ...
  onUnmounted(() => {
    console.log('onUnmounted 组件已经卸载');
  });
  return {}
},
```

8．onActivated函数

当组件被激活时调用 onActivated 函数，只适用于 keep-alive 组件。

```
setup(props, context) {
  console.log('setup')
  ...
  onActivated(() => {
    console.log('onActivated 组件被激活');
  });
  return {}
},
```

9．onDeactivated函数

当组件被停用时调用 onDeactivated 函数，只适用于 keep-alive 组件。

```
setup(props, context) {
  console.log('setup')
  ...
  onDeactivated(() => {
    console.log('onDeactivated 组件被停用');
  });
  return {}
},
```

10．onErrorCaptured函数

当子组件抛出错误时调用 onErrorCaptured 函数，可以用来捕获并处理错误。

```
setup(props, context) {
  console.log('setup')
  ...
  onErrorCaptured((error, vm, info) => {
    console.log('onErrorCaptured')
    console.error('捕获到错误: ', error);
    console.error('错误信息: ', info);
  });
  return {}
},
```

其中最特殊的就是 setup 函数了。它接收两个参数：props 和 context。在 setup 函数中，可以进行一些初始化的操作并返回一个对象。这个对象中的属性和方法可以在组件的 template 中使用。这种方式相比 Vue 2 中的 data、computed 和 methods 等选项更加灵活，可以更好地控制组件的行为。

那么 setup 函数的优势是什么呢？其实它的设计是为了使用组合式 API，当组件变得更大时，可能会导致组件难以阅读和理解，通过 setup 函数可以将该部分抽离成函数，其他开发者就不用关心该部分逻辑了。

最后谈一谈生命周期的执行顺序。当一个组件被创建时，它的生命周期函数会按照一定的顺序依次被调用。上面的代码完成后，重新加载项目，控制台输出结果如图 6.8 所示。

图 6.8　生命周期执行顺序

可以看到，依次执行了 setup、onBeforeMount 和 onMounted，说明组件没有进行更新和销毁。由于无法在一个例子里完整演示所有的生命周期函数，所以笔者整理了一个表格方便读者阅读。一个组件的完整生命周期函数的执行顺序如表 6.1 所示。

表 6.1　Vue 2 和 Vue 3 生命周期执行顺序对比

Vue 2	Vue 3
beforeCreate	setup()
created	
beforeMount	onBeforeMount
mounted	onMounted
beforeUpdate	onBeforeUpdate
updated	onUpdated
beforeDestroy	onBeforeUnmount
destroyed	onUnmounted
activated	onActivated
deactivated	onDeactivated
errorCaptured	onErrorCaptured

从以上生命周期函数的执行顺序中可以看出，Vue 3 通过 setup 替代了 beforeCreate 和 created 函数，其他地方都大同小异，仅是名称中多了 on，熟悉 Vue 2 的读者很容易就能上手。

6.3.2　父子组件的生命周期

既然在 Vue 中需要大量使用组件，并进行父子组件的嵌套，首先就要明确父子组件的生命周期的执行顺序。这样才能更好地处理业务逻辑代码，在出现 BUG 时方便定位问题位置。

在 src/components 目录下新建一个组件 ChildComponent.vue，输入以下代码：

```ts
<script lang="ts">
// 导入各种生命周期
import { onBeforeMount, onMounted, onBeforeUpdate, onUpdated,
onBeforeUnmount, onUnmounted, onActivated, onDeactivated, onErrorCaptured }
from 'vue';

export default {
  setup(props, context) {
    console.log('setup')
    onBeforeMount(() => {
      console.log('onBeforeMount 子组件即将挂载到页面');
    });
    onMounted(() => {
      console.log('onMounted 子组件已经挂载到页面');
    });
    onBeforeUpdate(() => {
      console.log('onBeforeUpdate 子组件即将更新');
    });
    onUpdated(() => {
      console.log('onUpdated 子组件已经更新');
    });
    onBeforeUnmount(() => {
      console.log('onBeforeUnmount 子组件即将卸载');
    });
    onUnmounted(() => {
      console.log('onUnmounted 子组件已经卸载');
    });
    onActivated(() => {
      console.log('onActivated 子组件被激活');
    });
    onDeactivated(() => {
      console.log('onDeactivated 子组件被停用');
    });
    onErrorCaptured((error, vm, info) => {
      console.log('onErrorCaptured')
      console.error('捕获到错误: ', error);
      console.error('错误信息: ', info);
    });
    return {}
  },
}
</script>
```

```
<template>
  <div>
    我是子组件
  </div>
</template>

<style>
</style>
```

这段代码和 MyComponent 非常相似，只是把输出信息改为了子组件，方便在控制台辨识。接下来在 MyComponent 中来引用这个子组件，打开 MyComponent.vue，并添加以下代码：

```
...
<template>
  <div>
    <input v-model="text" />
    <button @click="showText">显示</button>
    <div v-if="displayText">{{ displayText }}</div>
    <ChildComponent />
  </div>
</template>
...
```

这里把 ChildComponent 直接加入父组件的模板中。因为已经设置过自动引入，所以这里就不需要再导入了。保存代码并使用浏览器打开，运行效果如图 6.9 所示。

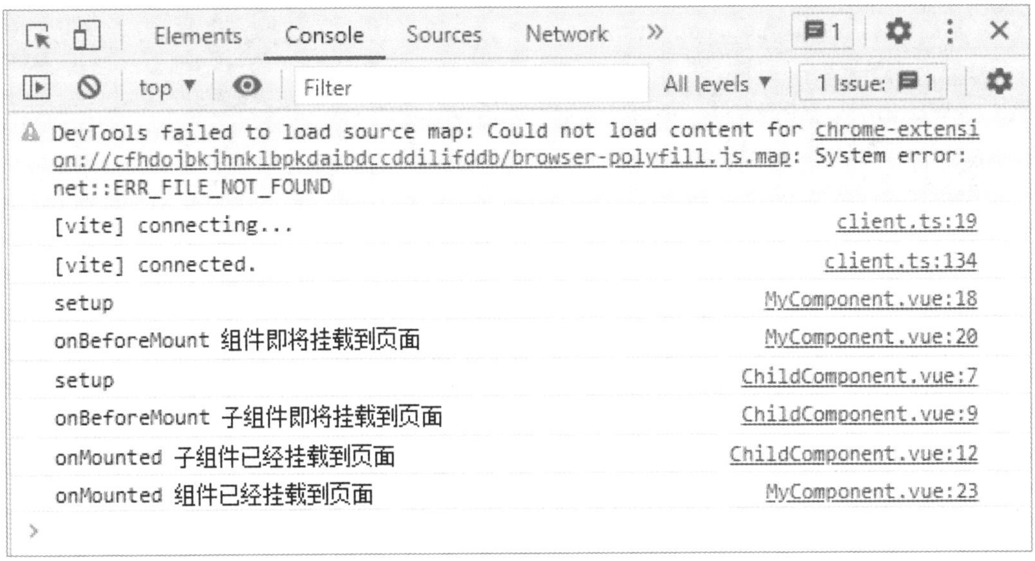

图 6.9　父子组件生命周期运行顺序

注意看控制台输出的内容，在父组件执行 setup 和 onBeforeMount 函数后，会先执行子组件的完整生命周期，然后才会执行父组件的 onMounted。这个细节说明子组件是父组件的一部分，所以在子组件全部加载完毕后，父组件才能算是 onMounted。这个知识点在具体代码的应用上笔者可以举一个例子，使用父组件给子组件传值时，需要使用 v-if 或 watch 监听，否则可能会导致子组件已经加载完毕，而值还没有传递完成。

6.4　组件的通信方式

在前端开发中，组件之间的通信是一个必不可少的功能。Vue 作为一款流行的前端框架，提供了多种方式来实现组件之间的通信。这些方式包括 props 和 emit、Provide 和 Inject 等。本节会详细介绍这些方式的用法及使用场景。

6.4.1　使用 props 和 emit 函数实现父子组件通信

props 和 emit 函数是最基本的组件通信方式。通过 props 函数父组件可以向子组件传递数据，通过 emit 函数，子组件可以向父组件发送事件。这种方式适用于简单的父子组件通信场景。

为了方便区分所学知识，输入以下代码新建一个项目：

```
npm create vue@3
```

项目名称为 communication，使用 TypeScript 并按照 6.2.4 节的内容加入自动引入组件功能。

一切准备就绪后，在 src/components 下新建组件 ParentComponent.vue 和 ChildComponent.vue。分别对父子组件编写代码，演示 Props 和 Emit 函数的使用方法。首先编写父组件的代码：

```ts
// ParentComponent.vue
<template>
  <!--父组件的模板-->
  <div>
    <!-- 标题 -->
    <h2>父组件</h2>

    <!-- 显示当前消息 -->
    <p>当前消息：{{ message }}</p>

    <!-- 发送消息按钮，单击触发 changeMessage 方法 -->
    <button @click="changeMessage">发送消息</button>

    <!-- 使用 ChildComponent 子组件 -->
    <!-- 通过 :message 绑定父组件的 message 数据到子组件 -->
    <!-- 通过 @eventMessage 监听子组件触发的事件，执行 handleEventMessage 方法 -->
    <ChildComponent :message="message" @eventMessage="handleEventMessage" />
  </div>
</template>

<script lang="ts">
// 导入 Vue Composition API 中的 ref 函数
import { ref } from 'vue';

// 导出组件对象
export default {
  setup() {
```

```
    // 使用 ref 创建响应式数据 message
    const message = ref('无');

    // changeMessage 方法用于改变 message 的值
    const changeMessage = () => {
      message.value = '父组件发出了新消息!';
    };

    // handleEventMessage 方法用于处理子组件发出的事件消息
    const handleEventMessage = (messageValue: string) => {
      message.value = messageValue;
    };

    // 返回数据和方法,以便在模板中使用
    return {
      message,
      changeMessage,
      handleEventMessage,
    };
  },
};
</script>
```

接下来编写子组件的代码:

```
// ChildComponent.vue
<template>
  <!-- 子组件的模板 -->
  <div>
    <!-- 标题 -->
    <h2>子组件</h2>

    <!-- 显示当前消息 -->
    <p>当前消息: {{ message }}</p>

    <!-- 发送消息按钮,单击触发 sendMessage 方法 -->
    <button @click="sendMessage">发送消息</button>
  </div>
</template>

<script lang="ts">
// 导入 defineComponent 函数
import { defineComponent } from 'vue';

// 使用 defineComponent 创建组件对象
export default defineComponent({
  // 定义 props,其中,message 属性是必须包括的字符串类型
  props: {
    message: {
      type: String,
      required: true,
    },
  },
  // 使用 setup 钩子函数
  setup(props, { emit }) {
    // sendMessage 方法用于发送事件消息
```

```
    const sendMessage = () => {
      const message = '子组件发出了新消息！';
      // 使用 emit 触发事件并传递消息内容
      emit('eventMessage', message);
    };
    // 返回 sendMessage 方法以便在模板中使用
    return {
      sendMessage,
    };
  },
});
</script>
```

删除 App.vue 的一段代码，并添加 ParentComponent 组件：

```
<TheWelcome />
<ParentComponent />
```

保存代码并使用浏览器打开，运行效果如图 6.10 所示。

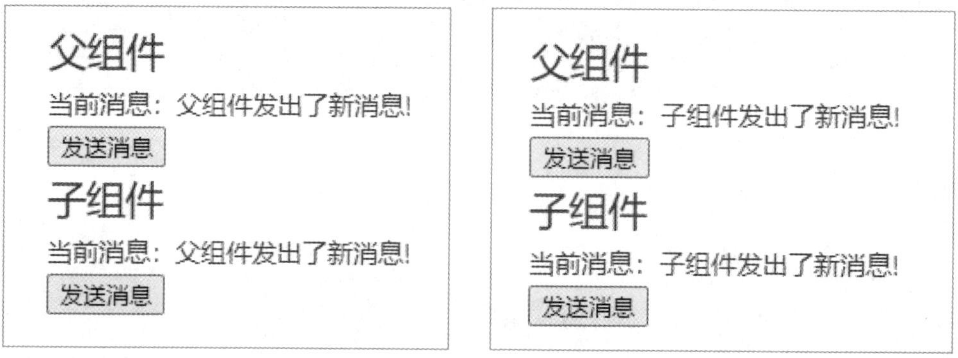

图 6.10　父子组件互相传值

当单击父组件的发送消息按钮时，会修改消息为"父组件发出了新消息！"，子组件则会修改消息为"子组件发出了新消息！"。分析代码可以看到，父传子是在父组件通过 message 给子组件传值，子组件通过 props 的 message 获取。而子传父则是在单击时，调用 emit('eventMessage', message)方法给父组件传值，父组件通过 handleEventMessage 来接收子组件的传值。

6.4.2　使用 Mitt 实现组件间的事件通信

6.4.1 节学习了父子组件传值。本节将介绍另一个重要的知识点，即兄弟组件传值。熟悉 Vue 2 的读者可能会说用 EventBus 实现兄弟组件的传值，可惜的是在 Vue 3 中，官方已经移除了这个功能，那么官方给出的替代方案是什么呢？那就是 Mitt。

Mitt 是一个非常简单的事件总线库，它的核心代码只有 20 行左右，但是它的功能非常强大，支持许多高级特性，如异步事件、事件处理函数的移除和 once 方法等，它可以让组件之间更加灵活地进行通信，而不必局限于父子关系或单向数据流。

首先需要创造一个处理事件的文件 event-bus.ts 并输入以下代码：

```
import mitt from 'mitt';
```

```
const bus = mitt();
export default bus;
```

虽然 Vue 3 已经没有 EventBus 了，但是开发者已经习惯使用它了，所以仍然起这个名称。在之后需要用到 Mitt 的地方，直接引入这个文件即可。

接下来新建一个文件 SiblingComponent.vue，用于创建兄弟组件。输入以下代码：

```
<template>
  <!-- 兄弟组件的模板 -->
  <div>
    <h2>兄弟组件</h2>

    <!-- 显示当前消息 -->
    <p>当前消息: {{ state.message }}</p>
  </div>
</template>

<script lang="ts">
// 导入 Vue Composition API 相关函数
import { defineComponent, reactive, onMounted } from 'vue';

// 导入自定义事件总线
import bus from '@/event-bus';

// 使用 defineComponent 创建组件对象
export default defineComponent({
  setup() {
    // 使用 reactive 创建响应式数据对象 state
    let state = reactive({
      message: '',
    });

    // 使用 onMounted 钩子函数，在组件挂载后监听事件
    onMounted(() => {
      // 使用自定义事件总线的 on 方法，监听'event'事件
      bus.on('event', (msg): void => {
        console.log('兄弟组件收到消息');
        // 将收到的消息赋值给 state.message
        state.message = msg as string;
      });
    });

    // 返回响应式数据对象 state
    return {
      state
    };
  },
});
</script>
```

在这段代码的 setup 函数中，使用 reactive 函数创建了一个响应式的 state 对象，包含一个属性 message，表示当前消息。然后使用 onMounted 钩子函数，在组件挂载时注册了一个事件监听器，监听名称为 event 的事件，当事件触发时，将事件携带的消息赋值给 state.message。

最后修改 App.vue 来展示这个组件，还需要修改 ParentComponent.vue 给这个兄弟组件传值，代码如下：

```
// App.vue
...
  <main>
    <ParentComponent />
    <SiblingComponent />
  </main>
...

// ParentComponent.vue
...
  setup() {
    const message = ref('无');
    const changeMessage = () => {
      message.value = '父组件发出了新消息!';
      bus.emit('event', '给兄弟组件发出了新消息! ');
    };
    ...
  },
...
```

保存代码并使用浏览器打开，运行效果如图 6.11 所示。

图 6.11   Mitt 兄弟组件传值

可以看到，在单击父组件的"发送消息"按钮后，兄弟组件成功进行了响应。

Vue 3 的 Mitt 非常简单易用，轻量且功能强大，适用于在组件之间进行简单的通信，尤其是不需要使用 Vuex 等状态管理工具的场景。但需要注意的是，Mitt 并不是 Vue 官方提供的事件总线库，因此在使用时需要手动引入，并且需要自己处理订阅事件的解绑等问题。

6.4.3   使用 Provide 和 Inject 函数实现跨级通信

Provide 和 Inject 是 Vue 中提供的函数，它们的使用也很简单。父组件通过 Provide 函数提供一个数据，子组件通过 Inject 函数注入该数据，在子组件中可以直接使用该数据。前面已经讲过使用 props 和 emit 函数可以进行父子组件传值，那么 Provide 和 Inject 函数有什么特点吗？

其实，Provide 和 Inject 函数最大的特点是可以跨级传值，假设有一个父组件，父组件内有一个子组件，子组件内又有一个孙组件。如果想把父组件的值传给孙组件，就需要一层一层地写 props 吗？如果层数多了，代码岂不是特别多且逻辑复杂？所以 Provide/Inject 就是用来解决这个问题的。

新建一个孙组件 GrandsonComponent.vue，输入以下代码：

```
<template>
  <!-- 孙组件的模板 -->
  <div>
    <h2>孙组件</h2>

    <!-- 显示通过 Project 和 Inject 传递的值 -->
    <p>Project/Inject 传值：{{ provideValue }}</p>
  </div>
</template>

<script lang="ts">
// 导入 Vue Composition API 相关函数
import { defineComponent, inject } from 'vue';

// 使用 defineComponent 创建组件对象
export default defineComponent({
  setup() {
    // 使用 Inject 函数获取通过 Provide 函数提供的值
    const provideValue = inject<string>('provide');

    // 返回通过 Provide 函数注入的值
    return {
      provideValue
    };
  },
});
</script>
```

接下来分别在父组件传值和在子组件中引用孙组件。

```
// ParentComponent.vue
...
import { ref, provide } from 'vue';
...
    // Provide 传值
    provide('provide', 'Provide 传值了');
    return {
      message,
      changeMessage,
      handleEventMessage,
    };
...

// ChildComponent.vue
...
<button @click="sendMessage">发送消息</button>
<GrandsonComponent />
...
```

保存代码并使用浏览器打开，运行效果如图 6.12 所示。

图 6.12　使用 Provide 和 Inject 函数跨级传值

上面这段示例代码主要演示了如何使用 Provide 和 Inject 函数实现跨层级组件传值。父组件通过 Provide 的键值对传值，在孙组件的 setup 函数中，使用 Inject 函数从祖先组件提供的 Provide 变量中获取值。Inject 函数的第一个参数是要获取的变量的键名，这个键名应该和祖先组件中 Provide 函数提供的键名一致，否则无法获取到正确的值。最后通过 return 语句将 provideValue 变量暴露给模板供其使用。

6.5　综合练习：待办列表

本节将介绍如何使用 Vue 3.0 的组件化特性和 TypeScript 构建一个待办列表应用程序。使用 Vue 3 的 Composition API 来开发程序，可以更好地重用逻辑、提高代码的可读性和维护性。同时，本例代码还将使用 TypeScript 来添加类型约束，以提高代码的健壮性和可维护性。

在构建 Todo List 应用程序的过程中，将实现以下功能：

❑ 展示待办事项列表、已完成事项列表和进行中事项列表。
❑ 实现新增待办事项功能。
❑ 实现拖曳操作，将待办事项拖曳到进行中或已完成事项列表中。
❑ 把待办项和输入功能都封装成组件进行调用。

通过本节的实例，读者可以了解 Vue 3 的组件开发方式和 TypeScript 的应用，同时也可以了解如何使用 Vue 3 来开发程序，从而提高 Web 应用程序开发的效率。

6.5.1　待办项组件的开发

先使用下列命令新建一个项目：

```
npm create vue@3
```

项目名称为 todolist，配置项勾选上 TypeScript。

接下来先编写待办项的组件，方便后面在列表页中直接调用。在 src/components/下新建一个文件 TodoItem.vue，输入以下代码：

```
<template>
  <!-- 待办事项列表组件的模板 -->
  <div class="list" @dragover.prevent @drop="onDrop">
    <!-- 列表头部，显示传递的标题 -->
    <div class="list-header">{{ header }}</div>

    <!-- 待办事项列表 -->
    <ul>
      <!-- 遍历待办事项列表，每个事项都可以拖动 -->
      <li
        v-for="item in items"
        :key="item.id"
        class="list-item"
        draggable="true"
        @dragstart="onDragStart(item)"
      >
        <!-- 显示待办事项的标题 -->
        {{ item.title }}
      </li>
    </ul>
  </div>
</template>

<script lang="ts">
// 导入 Vue Composition API 相关函数
import { defineComponent } from 'vue';

// 定义待办事项的数据结构
interface Item {
  id: number;
  title: string;
  status: 'Todo' | 'Doing' | 'Done';
}

// 使用 defineComponent 创建组件对象
export default defineComponent({
  // 定义组件名称和属性
  name: 'TodoItem',
  props: {
    // 列表头部的标题，必备的字符串类型
    header: {
      type: String,
      required: true,
    },
    // 待办事项列表，必备的数组类型
    items: {
      type: Array,
      required: true,
    },
    // 拖曳开始的回调函数，必备的函数类型
    onDragStart: {
      type: Function,
      required: true,
```

```
    },
    // 放置拖曳项的回调函数，必备的函数类型
    onDrop: {
      type: Function,
      required: true,
    },
  },
});
</script>

// 样式
<style scoped>
.list {
  margin-left: 16px;
  border: 1px solid #ccc;
  border-radius: 5px;
  padding: 10px;
  width: 30%;
}
.list-header {
  font-size: 18px;
  font-weight: bold;
  margin-bottom: 10px;
}
.list-item {
  background-color: #f5f5f5;
  border: 1px solid #ccc;
  border-radius: 5px;
  cursor: pointer;
  margin-bottom: 5px;
  padding: 10px;
  user-select: none;
}
.list-item:hover {
  background-color: #e0e0e0;
}
</style>
```

在上面这段代码中，主要通过 dragstart 和 drop 来完成拖曳功能，props 传入的 header 和 items 是列表数据。Todo、Doing 和 Done 分别代表待办、进行中和已完成事项列表。

6.5.2　制作待办列表页

在同目录（src/components/）下新建一个文件 TodoList.vue 并输入以下代码：

```
<template>
  <!-- 任务板组件的模板 -->
  <div>
    <!-- 包含 3 个任务列表的容器 -->
    <div class="container">
      <!-- 显示 Todo 状态的任务列表 -->
      <TodoItem header="Todo" :items="items.filter(item => item.status ===
'todo')" :onDragStart="onDragStart" :onDrop="() => onDrop('todo')" />

      <!-- 显示 Doing 状态的任务列表 -->
      <TodoItem header="Doing" :items="items.filter(item => item.status ===
'doing')" :onDragStart="onDragStart" :onDrop="() => onDrop('doing')" />
```

```
    <!-- 显示 Done 状态的任务列表 -->
    <TodoItem header="Done" :items="items.filter(item => item.status ===
'done')" :onDragStart="onDragStart" :onDrop="() => onDrop('done')" />
  </div>
 </div>
</template>

<script lang="ts">
// 导入 Vue Composition API 相关函数
import { ref } from 'vue';
import TodoItem from './TodoItem.vue';                    // 导入子组件

// 定义待办事项的数据结构
interface Item {
  id: number;
  title: string;
  status: 'todo' | 'doing' | 'done';
}

// 导出组件对象
export default ({
  name: 'TaskBoard',                                      // 组件名称
  components: {
    TodoItem,                                             // 注册子组件
  },
  setup() {
    // 使用 ref 创建响应式的任务列表
    const items = ref<Item[]>([
      { id: 1, title: '任务 1', status: 'todo' },
      { id: 2, title: '任务 2', status: 'todo' },
      { id: 3, title: '任务 3', status: 'doing' },
      { id: 4, title: '任务 4', status: 'done' },
    ]);

    // 拖曳开始的回调函数, 设置被拖曳的任务信息
    const onDragStart = (item: Item) => {
      event?.dataTransfer?.setData('item', JSON.stringify(item));
    };

    // 拖曳项放置的回调函数, 改变任务状态
    const onDrop = (status: 'todo' | 'doing' | 'done') => {
      const item = JSON.parse(event?.dataTransfer?.getData('item') ||
'{}');
      item.status = status;
      const index = items.value.findIndex(element => element.id === item.id);
      if (index !== -1) {
        items.value[index] = item;
      }
    };

    return {
      items,                                              // 任务列表
      onDragStart,                                        // 拖曳开始回调函数
      onDrop                                              // 拖曳放置回调函数
    };
  },
});
</script>
```

```
// 样式
<style scoped>
.container {
  display: flex;
  justify-content: flex-start;
  width: 100%;
}
</style>
```

然后还需要修改 App.vue 才能正常运行：

```
<script setup lang="ts">

</script>

<template>
  <TodoList />
</template>

<style scoped></style>
```

把 App.vue 多余的代码全部删除，只用来加载 TodoList 组件保存的代码并使用浏览器打开，运行效果如图 6.13 所示。

图 6.13　待办列表页

可以看到，现在已经能显示出选项并可以拖动了。

首先引入了 Vue 3 的 ref 函数和 TodoItem 组件，ref 函数可以创建一个响应式的数据对象。然后定义一个 items 变量，它是一个数组，包含几个任务项的数据。每个任务项都有一个唯一的 ID、标题和状态。通过 filter 函数来控制给不同组件传入不同 status 的选项。在 setup 函数中，将定义的变量和函数以对象的形式返回，以便在模板中使用。这样，模板部分就可以使用 items 数组的数据及 onDragStart 和 onDrop 函数来实现拖放功能。在 6.5.3 节中将会继续完成添加功能。

6.5.3　添加列表项组件的开发

在同目录（src/components/）下新建一个文件 AddTask.vue 并输入以下代码：

```
<template>
  <!-- 添加待办事项的输入框和按钮 -->
```

```
    <div class="add-task">
      <!-- 输入框绑定 taskTitle 变量 -->
      <input type="text" v-model="taskTitle" @keyup.enter="addTask"
placeholder="输入待办项" />

      <!-- 单击按钮触发 addTask 方法 -->
      <button @click="addTask">添加</button>
    </div>
</template>

<script lang="ts">
// 导入 Vue Composition API 相关函数
import { defineComponent, ref } from 'vue';

// 定义组件
export default defineComponent({
  name: 'AddTask',                            // 组件名称
  setup(_, { emit }) {                        // 使用 setup 钩子函数
    // 创建响应式的 taskTitle 变量，用于存储待办事项标题
    const taskTitle = ref('');

    // 添加待办事项的方法
    function addTask() {
      // 判断输入是否为空，如果不为空则触发 addTask 事件，传递任务标题
      if (taskTitle.value.trim()) {
        emit('addTask', taskTitle.value.trim()); // 触发父组件的 addTask 事件
        taskTitle.value = '';                   // 清空输入框
      }
    }
    // 返回 taskTitle 和 addTask 函数，以供模板使用
    return {
      taskTitle,
      addTask,
    };
  },
});
</script>

// 样式
<style scoped>
.add-task {
  display: flex;
  align-items: center;
  margin: 16px;
  width: 280px;
}

input {
  flex-grow: 1;
  margin-right: 16px;
}
</style>
```

然后还需要在 TodoList.vue 中调用列表项组件才能显示添加功能：

```
<template>
  <div>
    <AddTask @addTask="addTask" />
    ...
  </div>
```

```
</template>

<script lang="ts">
import { ref } from 'vue';
import AddTask from './AddTask.vue';
import TodoItem from './TodoItem.vue';

...

export default ({
  name: 'TaskBoard',
  components: {
    AddTask,
    TodoItem,
  },
  setup() {
    ...
    // 添加 Task 的方法
    function addTask(title: string) {
      items.value.push({
        id: Date.now(),
        title,
        status: 'todo',
      });
    }
    return {
      items,
      onDragStart,
      onDrop,
      addTask
    };
  },
});
</script>
...
```

注意，修改的为标签部分、import 部分、components 部分和方法回调部分。保存代码并使用浏览器打开，运行效果如图 6.14 所示。

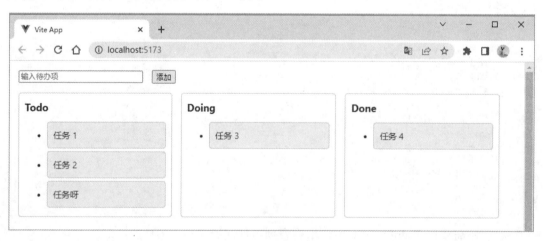

图 6.14　添加待办项目

现在可以在输入框中添加待办项目了。添加待办项目的逻辑并不复杂，通过按钮的单击事件，把输入框的值传递给父组件并清空输入框即可。父组件主要用于接收来自子组件的事件。

　　读者在完成这个项目后，可以给这个项目添加编辑和删除等功能作为练习。编辑和删除等功能基本是父、子、兄弟组件的互相传值，只有熟练掌握了组件传值，才能用好 Vue 的组件功能。

6.6　小　　结

　　本章介绍了组件的构成及其基本用法，强调了组件化思想的重要性。除了理解如何定义组件和在应用中如何使用组件之外，还应掌握创建和使用全局组件与局部组件的方法。此外，本章对 Vue 生命周期及其在父子组件之间的应用进行了深入介绍。组件通信占据组件化开发的一个重要部分，本章介绍了几种常见的组件通信方式。在综合练习部分，通过开发一个待办列表的应用综合运用了之前学到的知识。

　　本章概念性的内容较多，可能学习起来比较枯燥，但是读者应该用心去掌握这些知识点。掌握整体框架结构后，对之后的学习是十分有益的，在接下来的章节中只需要对一个一个知识点逐个击破，就能全面掌握 Vue 3 的开发了。

第 2 篇
进阶提升

第 7 章　HTTP 网络请求

　　HTTP（Hypertext Transfer Protocol，超文本传输协议）是一种用于在网络上传输超媒体文档（如 HTML、CSS 和 JavaScript 等）的应用层协议。它是客户端（如 Web 浏览器）和服务器之间进行通信的标准协议。HTTP 是一种无状态协议，这意味着每个请求和响应之间都是相互独立的，服务器不会记住之前的请求。HTTP 使用 URI（Uniform Resource Identifiers）来标识互联网上的资源，并使用 HTTP 方法（如 GET、POST、PUT、DELETE 等）来指定要对资源执行的操作。

　　HTTP 是在 Web 发展的早期开发的，它通过在互联网上提供可靠的数据传输和信息交互，促进了 Web 的迅速发展和普及。在 Web 应用程序开发中，HTTP 是必不可少的技术之一。作为应用最为广泛的网络协议，不论前端和后端都需要接触，在 Vue 中当然也需要发送网络请求，因此本章的知识点也是必须掌握的。

　　本章涉及的主要内容点如下：

- ❑ Axios 网络请求库；
- ❑ HTTP 基础知识；
- ❑ HTTP 与安全的 HTTPS；
- ❑ 跨域问题及其解决方案；
- ❑ 综合案例：封装 Axios。

7.1　Axios 网络请求库

　　Axios 是一个基于 Promise 的 HTTP 客户端，深受广大开发者欢迎，目前在 GitHub 上已有 100 万颗星。它可以在浏览器和 Node.js 环境中运行，使用 XMLHttpRequest 或 Node.js 的 HTTP 模块进行底层数据传输，并提供易于使用的 API，方便开发者发送 AJAX 请求和处理响应，如图 7.1 所示。

　　Axios 具有以下优点：

- ❑ 语法简单：Axios API 非常直观且易于使用，支持 Promise，因此可以轻松管理异步操作。
- ❑ 支持浏览器和 Node.js：Axios 可以在浏览器和 Node.js 环境中使用，因此可以方便地在前端和后端实现一致的请求方式。
- ❑ 支持取消请求：在处理大量请求时可能需要取消某些请求，Axios 允许取消请求，这样可以有效减少服务器负载和网络传输，这是一个非常有用的特性。
- ❑ 提供拦截器：Axios 提供拦截器功能，可以在请求或响应被处理之前或之后进行拦截和修改。这对于添加授权信息、错误处理和请求重试等操作非常有用。

图 7.1　Axios 页面

可以看到，Axios 是一个功能强大且易于使用的 HTTP 库，可以帮助开发者轻松地发送 AJAX 请求和处理响应。在 Vue 2 和 Vue 3 中，通常会选择 Axios 作为网络请求工具。

7.1.1　发送第一条网络请求

在进入正题之前，执行以下命令新建一个项目，项目名称为 myhttp。

```
npmcreatevue@3
cd myhttp
npm install
npm run dev
```

在 Vue 中使用 Axios 发送一个简单的网络请求，需要 3 步。

（1）安装 Axios。执行以下命令：

```
npm install axios --save
```

（2）引入 Axios。在 Vue 3 项目中，通常会在需要发送请求的组件或文件中引入 Axios。

```
import axios from 'axios';
```

（3）使用 Axios。直接在 App.vue 中添加一个网络请求，代码如下：

```
<script setup lang="ts">
import HelloWorld from './components/HelloWorld.vue'
import TheWelcome from './components/TheWelcome.vue'
import axios from 'axios';
import { onMounted } from 'vue';

onMounted(() => {
// 发送 GET 网络请求
  axios.get('https://jsonplaceholder.typicode.com/todos/1')
    .then(response => {
      console.log(response)
    })
    .catch(error => {
      console.error(error);
    });
});
</script>
...
```

代码运行效果如图 7.2 所示。

图 7.2　发送 GET 网络请求

上面这段代码使用 Vue 3 的 Composition API 发送了一个 HTTP GET 请求。在组件的 setup 函数中使用 onMounted 钩子函数注册了一个回调函数，该函数会在组件挂载后执行，并在控制台打印响应数据。可以看到，成功发送了第一条网络请求。

7.1.2　使用测试接口调试网络请求

随着 Web 应用程序和 API 的发展，HTTP 请求已成为现代 Web 开发中不可或缺的一部分。无论前端还是后端，测试 HTTP 请求的正确性及其性能都是非常重要的。

对于开发者而言，并不是随时都有一个可用的 API 可以进行测试。为了解决这个问题，可以使用一些免费的在线接口进行测试，如图 7.3 和图 7.4 所示。

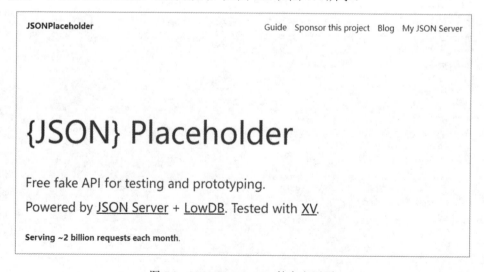

图 7.3　JSONPlaceholder 的官方网页

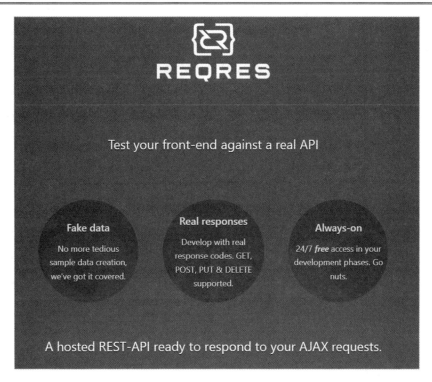

图 7.4　REQRES 的官方网页

笔者在这里推荐一些免费的测试用接口。

1．JSONPlaceholder

JSONPlaceholder 是一个免费的在线 REST API，提供了各种类型的请求和响应，包括 GET、POST、PUT、PATCH 和 DELETE 等。使用这个 API，可以模拟各种不同的数据，如用户、帖子和评论等。这个 API 使用假数据生成器生成数据，因此非常适合用于测试和调试。

2．ReqRes

ReqRes 也是一个免费的在线 REST API，也提供了各种类型的请求和响应。ReqRes 还提供了一个测试工具，可以快速测试 API 的功能和性能。此外，ReqRes 还提供了一些示例数据和文档，方便用户更好地了解 API 的使用及其特性。

3．Mockaroo

Mockaroo 是一个免费的在线数据生成器，可以生成各种类型的数据，如姓名、地址、电子邮件和电话号码等。使用 Mockaroo 可以轻松生成测试数据，然后使用 HTTP 请求发送给应用程序或 API 进行测试。

4．Postman Echo

Postman Echo 是一个免费的在线 API，可以用于测试 HTTP 请求。它提供了各种类型的请求和响应，包括 GET、POST、PUT、PATCH 和 DELETE 等。此外，Postman Echo 还提供了一些特殊的路由，如/headers、/status 和/delay 等，可以用于测试 HTTP 请求的特殊场景和情况。

在进行 Web 开发和 API 开发时，测试 HTTP 请求是一项非常重要的任务。使用免费的在线接口可以快速进行测试和调试，同时也可以了解 HTTP 和 RESTfull API 的使用。以上这些在线接口都提供了各种类型的请求和响应，对于学习 Vue 3 来说完全够用了。

7.2　HTTP 基础知识

HTTP 主要用于服务端和客户端的交互，如图 7.5 所示。学习 HTTP 的基础知识对于前端开发人员来说非常重要。首先，HTTP 是前后端数据传输的核心，对于开发人员来说，深入理解 HTTP 的原理、结构及常见的请求与响应头信息等，可以更加高效地进行接口对接工作。同时，由于前端工作往往需要和后台进行密切合作，了解 HTTP 也可以帮助前端工程师更好地与后端开发人员进行沟通和协作，尤其是在遇到接口调用问题时，深入掌握 HTTP 的相关知识可以更快地定位问题，提高开发效率。

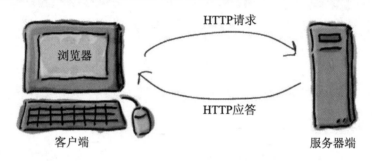

图 7.5　HTTP 的交互过程示意

另外，随着 Web 技术的不断发展和更新，前端工程师需要不断学习和更新自己的知识体系，包括解新的网络通信协议，如 WebSocket 和 HTTP/2 等。了解 HTTP 的基础知识也可以为后续学习其他 Web 技术打下基础。

总之，了解 HTTP 的基础知识对于前端开发人员来说是非常有必要的，能够帮助他们更好地理解 Web 技术的本质，提高开发效率和与后端开发人员的协作能力。

7.2.1　常见的请求类型与用途

首先通过表格列举出不同请求方法的应用场景，如表 7.1 所示。

表 7.1　常见的HTTP请求方法的应用场景

方　　法	说　　明	应用场景
GET	获取资源	页面展示、数据查询、搜索引擎等
POST	传输实体主体	表单提交、上传文件、请求参数过长等
PUT	传输替换目标资源	资源更新、文件上传等
DELETE	删除目标资源	数据删除、资源回收等

方　　法	说　　明	应用场景
HEAD	获取报文首部	缓存控制、资源校验等
OPTIONS	获取支持的方法	跨域访问、API文档生成等
CONNECT	要求在与代理服务器通信时建立隧道	加密代理、WebSocket通信等
TRACE	追踪请求-响应的传输路径	调试、诊断、性能分析等

许多小型公司的服务端开发并没有严格遵守 RESTfull API 设计规范，通常会将所有接口都设置为 POST，或者只使用 GET 和 POST 请求方法。虽然这种做法在使用上没有什么影响，但是并不符合规范。GET 和 POST 是常见的请求方法，因此先介绍它们的区别。为了方便查看，笔者将这些信息汇总在一个表格中，如表 7.2 所示。

表 7.2　GET与POST的区别

	GET	POST
后退按钮/刷新	无害	数据会被重新提交（浏览器会提示）
书签/缓存/历史	√	×
编码类型	application/x-www-form-urlencoded	application/x-www-form-urlencoded 或 multipart/form-data。为二进制数据使用多重编码
数据长度限制	受浏览器限制	无限制
数据类型限制	只允许ASCII字符	无限制
可见性	数据在URL中对所有人可见、请求会保存在历史记录中	数据保存在主体中，请求不会保存在历史记录中

虽然在日常开发过程中使用 POST 和 GET 请求方法的场景较多，但是只知道这两个请求方法肯定是不够的，因此下面简单介绍其他的请求方法。

1. PUT请求方法

PUT 是一种用于更新资源的请求方法，其与 POST 请求方法的区别在于，PUT 请求方法是幂等的，即调用一次与连续调用多次是等价的，没有副作用，而连续调用多次 POST 请求方法可能会有副作用，如将一个订单重复提交多次。

2. DELETE请求方法

DELETE 请求方法用于删除指定的资源。如果 DELETE 请求方法成功执行，那么可能会有以下几种状态码：
- ❑ 状态码 202（Accepted）表示请求的操作可能会成功执行，但是尚未开始执行。
- ❑ 状态码 204（No Content）表示操作已执行，但是无进一步的相关信息。
- ❑ 状态码 200（OK）表示操作已执行，并且响应中提供了相关状态的描述信息。

3. HEAD请求方法

HEAD 与 GET 请求方法的区别在于，HEAD 请求方法仅返回报文首部，而不返回报文主体。HEAD 请求方法的一个使用场景是在下载一个大文件前先获取其大小再决定是否要下载，这样可以节约带宽资源。

4．OPTIONS请求方法

OPTIONS 请求方法用于获取目的资源所支持的通信选项，平时在进行前端等开发时，经常会发现在请求前自动调用一个 OPTIONS 请求方法。

5．CONNECT请求方法

CONNECT 请求方法是 HTTP/1.1 预留的一种方法，主要用于代理服务器转发客户端的请求到服务器端，通常用在 SSL/TLS 加密通信的代理服务器中。通过 CONNECT 请求方法，客户端可以直接与服务器建立隧道式的 TCP 连接，从而实现端到端的加密通信。使用 CONNECT 请求方法时，请求中必须包含目标服务器的主机名和端口号，而目标服务器则必须是支持 SSL/TLS 协议的，因为 CONNECT 请求后的通信数据将会被加密。CONNECT 请求成功后，服务器端会返回一个 HTTP/1.1 200 Connection established 响应，之后客户端和服务器端之间的通信数据将会被加密传输。

6．TRACE请求方法

TRACE 请求方法主要用于对连接进行诊断，它会在响应报文中返回客户端发出的请求报文的首部字段，从而可以在接收方查看请求报文是否被修改。TRACE 请求常被用于测试或调试过程中。由于 TRACE 请求方法可能会导致跨站脚本攻击（XSS），所以在现代浏览器中通常会禁用它。

7．PATCH请求方法

PATCH 是对已知资源进行局部更新的请求方法，它与 PUT 请求方法有些类似，但是 PUT 请求方法要求客户端提供一个完整的资源表示，而 PATCH 请求方法只需要提供要更新的资源内容，因此 PATCH 请求方法更加适合于对资源进行增量式的更新。PATCH请求方法的请求主体中应该包含一个表示要更新资源的JSON或XML文档等格式数据。由于 PATCH 请求方法是在 HTTP/1.1 中才引入的，所以某些老版本的浏览器可能无法支持。

7.2.2　解读 HTTP 状态码的含义

HTTP 状态码是服务器在响应请求时返回的 3 位数字代码，它们表示 HTTP 所定义的各种状态，包括请求成功、请求重定向、客户端错误和服务端错误等。客户端（如浏览器）通过解析状态码来判断请求成功或失败，并根据状态码类型采取相应的处理措施。HTTP 状态码通常由 3 位数字组成，第一位数字表示状态码类型（如 1xx 表示信息性状态码，2xx 表示成功状态码等），后两位数字表示具体的状态码。例如，200 OK 表示请求成功，404 Not Found 表示请求的资源不存在。这里以一个表格来展示 HTTP 状态码，如表 7.3 所示，由于其种类比较多，下面只列举种类常用的部分，如表 7.3 所示。

表 7.3　HTTP常用的状态码

状　态　码	类　　别	原　　因
1xx	Informational（信息性状态码）	接收的请求正在处理
2xx	Success（成功状态码）	请求正常处理完毕
3xx	Redirection（重定向状态码）	需要进行附加操作以完成请求
4xx	Client Error（客户端错误状态码）	服务器无法处理请求
5xx	Server Error（服务端错误状态码）	服务器处理请求出错

　　了解 HTTP 状态码是进行程序开发的必备知识。2xx、4xx 和 5xx 状态码是在开发中经常遇到的，对这些状态码的含义有深入的了解，可以更快、更准确地分析并解决出现的问题，提高开发效率。

7.2.3　设置请求头

　　HTTP 报文的首部字段主要用来传递额外的重要信息，下面举一个简单的例子。

```
// 发起请求
GET / HTTP/1.1
Request URL: https://www.baidu.com/favicon.ico
Host: www.baidu.com
Accept-Language: zh-CN

// 服务端返回
HTTP/1.1 200 OK
Date: Sat, 07 Apr 2018 02:17:48 GMT
Server: Apache
Last-Modified: Mon, 02 Apr 2018 09:39:34 GMT
Accept-Ranges: bytes
Content-Length: 984
Content-Type: image/x-icon
```

　　上面这些参数都是用来传递额外信息的，这里笔者加上了注释对这些信息进行解释。

```
// 发起请求
// 请求方法 / HTTP 版本号
GET / HTTP/1.1
// 请求地址
Request URL: https://www.baidu.com/favicon.ico
// 请求资源所在的服务器
Host: www.baidu.com
// 优先选择的语言（自然语言）
Accept-Language: zh-CN

// 服务端返回
// HTTP 版本、HTTP 状态码 200
HTTP/1.1 200 OK
// 创建报文的日期
Date: Sat, 07 Apr 2018 02:17:48 GMT
// HTTP 服务器的安装信息
Server: Apache
// 资源的最后修改时间
Last-Modified: Mon, 02 Apr 2018 09:39:34 GMT
// 支持字节范围请求
```

```
Accept-Ranges: bytes
// 实体主体的大小
Content-Length: 984
// 实体主体的类型
Content-Type: image/x-icon
```

HTTP 首部字段的种类非常多，上述例子只例举了常用的一部分。如果想了解更多信息，可以查阅 MDN 上的 HTTP headers 文档，网址为 https://developer.mozilla.org/zh-CN/docs/Web/HTTP/Headers，如图 7.6 所示。

图 7.6　MDN HTTP 标头

讲解完 HTTP 的请求头，接下来需要知道如何在 Vue 中设置它们。继续根据上文的例子进行开发，输入以下代码：

```
...
  axios.get('https://jsonplaceholder.typicode.com/todos/1', {
// 可以设置 headers
    headers: {
      'Content-Type': 'application/json',
      'Authorization': 'Bearer ' + 'your token'
    }
  }).then(response => {
    console.log(response)
  }).catch(error => {
    console.error(error);
  });
...
```

代码改动其实不大，其中，headers 是一个对象，可以设置多个请求头。在这里设置了 Content-Type 和 Authorization 两个请求头，Bearer 是一种常用的认证方式。在实际开发中还需要配合业务需求进行修改。

7.2.4　一次完整的网络请求过程

很多读者可能好奇，在浏览器地址栏中输入 URL，按 Enter 键之后会经历什么样的过程？下面笔者简要介绍一次完整的网络请求的过程。

（1）解析 URL：浏览器会解析输入的 URL，将其分成不同的部分，如协议（HTTP、HTTPS）、主机名（www.example.com）、路径和查询参数等。

（2）DNS 解析：浏览器将主机名信息发送给域名系统（DNS）服务器进行解析，以获取对应的 IP 地址。DNS 解析是将域名转换为 IP 地址的过程，这是因为在互联网上，计算机通信是通过 IP 地址完成的。

（3）建立 TCP 连接：浏览器使用 HTTP 或 HTTPS 与服务器建立 TCP 连接。如果是 HTTPS，还会进行 TLS/SSL 握手过程以确保安全通信。

（4）发送 HTTP 请求：浏览器向服务器发送 HTTP 请求。请求中包含之前解析得到的 URL 的路径和查询参数等信息，以及其他头部信息，如用户代理（User-Agent）等。

（5）服务器处理请求：服务器接收到浏览器发送的 HTTP 请求后，会根据请求的内容进行处理，这可能涉及读取数据库和处理数据等操作。

（6）服务器返回 HTTP 响应：服务器处理完请求后，会生成 HTTP 响应并将响应的内容发送回给浏览器。

（7）浏览器接收 HTTP 响应：浏览器接收到服务器返回的 HTTP 响应后，根据响应头部的信息判断响应的类型（如 HTML、CSS、JavaScript、图像等）并进行相应的处理。

（8）渲染页面：如果响应类型是 HTML，则浏览器会解析 HTML 代码，构建 DOM（文档对象模型）并加载 CSS 和 JavaScript 等资源，然后浏览器会根据这些资源来渲染和展示页面。

（9）关闭 TCP 连接：页面渲染完成后，浏览器会关闭与服务器建立的 TCP 连接，释放资源。

在整个网络请求过程中，浏览器通过 DNS 解析获取服务器的 IP 地址，建立 TCP 连接与服务器通信，发送 HTTP 请求获取页面资源，然后渲染页面并展示给用户，这样用户就能在浏览器中访问和浏览网页了。

7.3　HTTP 与安全的 HTTPS

在现代网络通信中，HTTP 是一种应用最广泛的协议，它用于在 Web 浏览器和网站服务器之间传输数据。但是，HTTP 通信的不安全性一直是互联网发展中需要解决的重要问题，HTTPS（Hypertext Transfer Protocol Secure）作为一种更加安全的协议应运而生。

7.3.1　HTTPS 简介

与 HTTP 的明文传输相比，HTTPS 是将传输内容加密，确保信息传输的安全。HTTPS 的最后一个字母 S 指 SSL（Secure Socket Layer，安全套接层）/TLS（Transport Layer Security，

安全传输层协议）协议，它介于 HTTP 与 TCP/IP 之间。

HTTPS 使用了非对称加密方式。私钥只存在于服务器上，服务器发送的内容不可能被伪造，因为别人没有私钥，所以无法加密。所有人都有公钥，但私钥只有服务器有，因此服务器才能看到被加密的内容。

目前很多应用都在逐步转为 HTTPS。

7.3.2　HTTPS 的工作原理

HTTPS 使用非对称加密方式传输密码，使用这个密码加密数据，避免第三方获取传输的内容。发送方将信息的哈希值一起发送过去，接收方会把解密后的数据与哈希值进行对比，避免被篡改。

HTTPS 由权威机构颁布 CA（Certificate Authority，电子商务认证授权机构）证书，使用证书校验机制防止第三方的伪装。

☎提示：哈希值是通过哈希算法压缩后得到的数据值，理论上来说不管多复杂的数据都可以通过哈希算法求得哈希值。例如我们下载的 Android SDK 就会提供一个 SHA-256 校验和，这就属于哈希算法的一种，如图 7.7 所示。

平台	Android Studio 软件包	大小	SHA-256 校验和
Windows (64 位)	android-studio-ide-173.4720617-windows.exe Recommended	758 MB	e2695b73300ec398325cc5f242c6ecfd6e84db190b7d48e6e78a8b0115d49b0d
	android-studio-ide-173.4720617-windows.zip No .exe installer	854 MB	e8903b443dd73ec120c5a967b2c7d9db82d8ffb4735a39d3b979d22c61e882ad
Windows (32 位)	android-studio-ide-173.4720617-windows32.zip No .exe installer	854 MB	c238f54f795db03f9d4a4077464bd9303113504327d5878b27c9e965676c6473
Mac	android-studio-ide-173.4720617-mac.dmg	848 MB	4665cb18c838a3695a417cebc7751cbe658a297a9d6c01cbd9e9a1979b8b167e
Linux	android-studio-ide-173.4720617-linux.zip	853 MB	13f290279790df570bb6592f72a979a495f7591960a378abea7876ece7252ec1

图 7.7　SHA-256 校验和

7.3.3　申请 HTTPS 证书

目前有很多网站都已经广泛使用 HTTPS，如 www.baidu.com，用 Chrome 就能看到地址栏中的 HTTPS 证书及安全的标识，如图 7.8 所示。

iOS 提交至 App Store 的应用现在必须使用 HTTPS 进行网络请求才能通过审核，因此了解如何使用 HTTPS 还是很有必要的。

HTTPS 证书的申请方式很简单，找到卖 HTTPS 证书的网站，然后找到 CA 证书服务，填写信息后购买即可，如图 7.9 所示。

图 7.8　HTTPS 证书

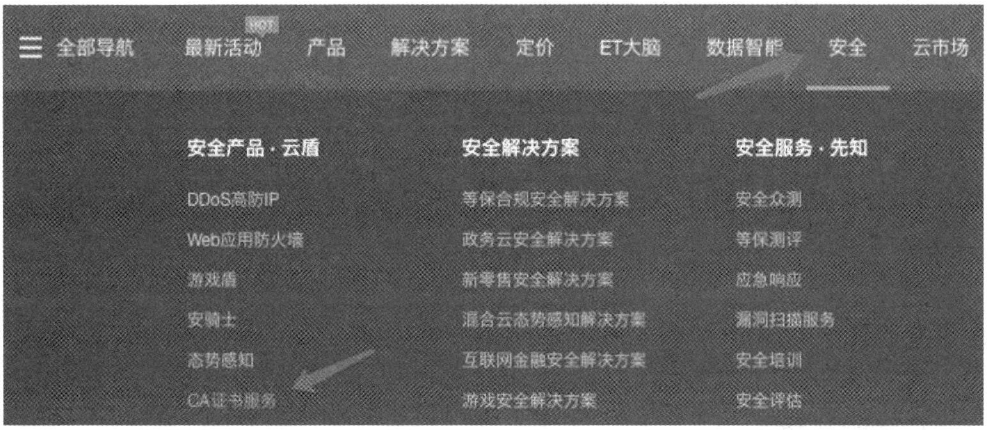

图 7.9　购买 HTTPS 证书

7.3.4　HTTPS 未全面普及的原因

虽然 HTTPS 有很好的加密性，但是它也存在一些缺点：

❑ 建立连接需要额外的时间和计算资源。由于 HTTPS 需要进行密钥交换、证书验证等操作，所以会消耗更多的时间和计算资源，导致连接的建立速度比 HTTP 慢。

❑ 增加服务器负担。由于 HTTPS 连接需要进行加密、解密等操作，所以会消耗更多的服务器资源，从而增加服务器的负担，导致服务器的吞吐量降低。

❑ HTTPS 证书并非免费。为了申请 HTTPS 证书，需要向证书颁发机构支付一定的费用，而对于小型网站或个人开发者来说，这可能会增加成本。

❑ 兼容性问题。虽然现代的浏览器都支持 HTTPS，但是有些旧的浏览器或设备可能不支持 HTTPS，导致用户无法正常访问网站。

因此，在选择是否使用 HTTPS 时，需要根据具体的情况进行权衡。对于一些安全性要求较高的网站或应用来说，使用 HTTPS 是非常必要的；而对于一些对安全性要求不是很高，但是追求更快速度和更高的吞吐量的网站或应用来说，可以选择使用 HTTP。

7.4　跨域问题及其解决方案

在 Vue 3 开发中，经常会遇到需要向其他域名下的 API 发送请求的情况，这就是跨域请求。跨域请求的存在会带来一些安全性问题，为此需要对跨域请求进行限制。本节将介绍如何在 Vue 3 中处理跨域请求。

7.4.1　跨域请求的成因与相关问题

跨域请求是跨源资源共享（CORS）的简称，通常指客户端通过浏览器向服务端发起请求，但请求的 URL 的协议、域名、端口号与当前页面的 URL 不同。通过 CORS，服务器可以告知浏览器哪些请求是被允许的，哪些请求是被禁止的，从而达到跨域请求的目的。

跨域请求会遇到浏览器的同源策略限制。同源策略指 JavaScript 只能访问与当前页面同源的资源，不能直接访问不同源的资源。同源是指协议、域名和端口号都相同。如果需要跨域请求其他域名下的 API，就需要采取一些措施来解决同源策略限制。MDN 对于跨域的解释如图 7.10 所示。

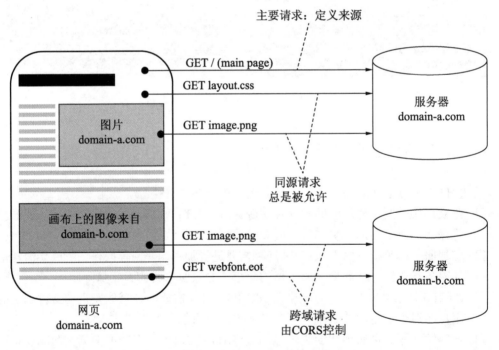

图 7.10　跨源资源共享（CORS）

CORS 机制分为简单请求和非简单请求两种情况。对于简单请求，浏览器会自动在请求头中加上 Origin 字段，表示请求来自哪个源，并向服务端发送一个预检请求（OPTIONS 请求），服务器根据预检请求中的信息，决定是否允许跨域请求。对于非简单请求，浏览器

会在实际请求前发送一次 OPTIONS 请求进行预检，服务端根据预检请求中的信息决定是
否允许跨域请求。

在 Vue 3 中，通过设置 Axios 的 withCredentials 属性为 true，可以开启跨域资源共享。
同时，在服务端需要设置允许跨域的源，可以通过设置响应头中的 Access-Control-
Allow-Origin 字段来实现。

7.4.2　使用 JSONP 实现跨域数据请求

JSONP 是一种实现跨域请求的方法，它的原理是利用 script 标签的 src 属性不受同源
策略限制的特性，在客户端动态创建一个 script 标签，将需要请求的数据作为参数传递给
服务器，服务器将数据包装在一个函数调用中并返回给客户端，客户端接收到响应后执行
该函数。因为 script 标签的 src 属性不受同源策略限制，所以可以在客户端访问不同域名下
的资源，从而实现跨域请求。

使用 JSONP 的时候，需要在服务器端将请求数据包装在一个函数调用中返回给客户
端，因此需要进行配置和编码。同时，JSONP 只能用于 GET 请求，也存在安全性问题，
因此在使用 JSONP 的时候需要注意安全问题。

在 Vue 3 中使用 JSONP，首先需要进行安装：

```
npm install jsonp --save
```

安装完成后，在需要使用 JSONP 的地方引入该库，然后使用 jsonp(url, options) 方法发
送请求。该方法会返回一个 Promise 对象，可以使用 Promise API 对响应结果进行处理。

以下是一个使用 JSONP 实现跨域请求的例子：

```
import jsonp from 'jsonp';

const url = 'http://example.com/api';
const params = {
  id: '123',
  callback: 'handleResponse'
};

// 请求方式类似，只是改成了 JSONP
jsonp(url, params, (err, data) => {
  if (err) {
    console.error(err);
  } else {
    console.log(data);
  }
});
```

在上面的例子中定义了一个请求的 URL 和参数，然后使用 JSONP 方法发送请求，并
指定了一个回调函数 handleResponse 来处理响应结果。JSONP 方法的第 3 个参数是一个回
调函数，它会在响应结果返回后被调用。

需要注意的是，在使用 JSONP 发送请求时，服务器端需要返回一个指定回调函数名的
JavaScript 函数调用。因此，需要在请求参数中指定回调函数名，如上例中的 callback:
'handleResponse'。服务器端需要将返回的数据包装在指定回调函数名的函数调用中返回给
客户端。

在 Vue 3 中，可以将封装好的 JSONP 实例作为 Vue 实例的属性，在组件中使用该实例来发送 JSONP 请求。JSONP 虽然可以实现跨域请求，但是它的缺点也比较明显，如无法使用 POST 请求，无法处理请求超时等，因此在使用 JSONP 时需要注意这些问题。

7.4.3　借助反向代理解决跨域问题

反向代理是一种实现跨域请求的方法，它的原理是在同一个域名下，利用服务器端来代理客户端的请求，将客户端的请求转发到需要访问的目标服务器上，从而克服了跨域请求的限制。在实现反向代理的时候，可以使用常见的 Web 服务器，如 Nginx 和 Apache 等，通过相关配置实现反向代理功能。

使用反向代理的时候，需要在服务器端进行配置，同时也需要考虑相关的网络环境和服务器负载。反向代理可以实现更加安全可靠的跨域请求，同时也可以在服务器端进行一些处理，如负载均衡、缓存等。

使用反向代理解决跨域问题可以简单地分为以下几步：

（1）在 Vue 3 项目中安装 http-proxy-middleware，命令如下：

```
npm install http-proxy-middleware --save-dev
```

（2）接着，在项目的配置文件（如 vue.config.js）中添加以下代码：

```
const { createProxyMiddleware } = require('http-proxy-middleware');

module.exports = {
  devServer: {
    // 设置代理服务器
    proxy: {
     // 请求路径以/api 开头的请求都会被代理到目标服务器
     '/api': {
       target: 'https://api.example.com',
       changeOrigin: true,
       pathRewrite: {
        '^/api': '',                 // 将/api 重写为空字符串，去掉/api 前缀
       },
     },
    },
  },
};
```

在上面这段代码中，使用 createProxyMiddleware 函数创建了一个代理服务器，并设置请求路径以/api 开头的请求都会被代理到目标服务器 https://api.example.com 上。其中，changeOrigin 设置为 true 表示在请求头中添加 Origin 字段，pathRewrite 用于重写请求路径。

（3）在 Axios 中发送请求时，将请求的路径改为代理服务器的地址，代码如下：

```
axios.get('/api/data').then(response => {
  console.log(response.data);
});
```

这样就成功地使用反向代理解决了跨域请求的问题。以上就是处理跨域请求设置的相关内容，读者可以根据自己的需求选择适合的跨域请求解决方案。

7.5　综合案例：封装 Axios

HTTP 拦截器在开发过程中十分常见。在构建项目架构时应该就建立 HTTP 拦截器，否则当遇到以下几种问题时再进行改动会十分浪费时间。

❏ 需要给所有的请求修改请求地址。

❏ 需要给所有请求参数设置新的请求头。

❏ 需要监听所有请求的状态码。

继续使用前面的项目，在 src 下创建一个文件夹 request，并在该目录下新建文件 axiosInstance.ts，最后在该文件中输入以下代码：

```
import axios from 'axios';
import type { AxiosInstance, AxiosRequestConfig, AxiosResponse } from
'axios';

class AxiosInstanceClass {
  private readonly instance: AxiosInstance;

  constructor(config?: AxiosRequestConfig) {
    this.instance = axios.create(config);

    // 设置拦截器
    this.instance.interceptors.request.use(
      (config) => {
        // 在请求发送之前做一些处理，如添加 token
        // config.headers.Authorization = `Bearer ${token}`;
        return config;
      },
      (error) => Promise.reject(error),
    );

    this.instance.interceptors.response.use(
      (response) => {
        // 在响应成功之前做一些处理
        return response;
      },
      (error) => Promise.reject(error),
    );
  }

  // GET 请求
  public async get<T = any, R = AxiosResponse<T>>(url: string, config?:
AxiosRequestConfig): Promise<R> {
    return this.instance.get<T, R>(url, config);
  }

  // POST 请求
  public async post<T = any, R = AxiosResponse<T>>(url: string, data?: any,
config?: AxiosRequestConfig): Promise<R> {
    return this.instance.post<T, R>(url, data, config);
  }

  // PUT 请求
  public async put<T = any, R = AxiosResponse<T>>(url: string, data?: any,
```

```
config?: AxiosRequestConfig): Promise<R> {
    return this.instance.put<T, R>(url, data, config);
  }

  // DELETE 请求
  public async delete<T = any, R = AxiosResponse<T>>(url: string, config?:
AxiosRequestConfig): Promise<R> {
    return this.instance.delete<T, R>(url, config);
  }

  public async request<T = any, R = AxiosResponse<T>>(config:
AxiosRequestConfig): Promise<R> {
    return this.instance.request<T, R>(config);
  }
}

const axiosInstance = new AxiosInstanceClass({
  // 设置基础 URL，这样在请求时就可以省略域名部分
  baseURL: 'https://jsonplaceholder.typicode.com/',
  // 设置超时时间
  timeout: 10000,
});

export default axiosInstance;
```

这里通过定义一个 AxiosInstanceClass 类封装了 Axios 的实例，并且暴露了 GET、POST、PUT、DELETE 和 REQUEST 方法，以方便在其他地方使用。通过 baseURL 配置项设置了请求的基础 URL，这样在请求时就可以省略域名部分，先填写为 jsonplaceholder 的域名。

最后回到 App.vue 并输入以下代码进行网络请求测试。

```
...
import axiosInstance from '@/request/axiosInstance';
...
  axiosInstance.get('todos/1')
    .then((response) => {
      console.log('axiosInstance');
      console.log(response);
    })
    .catch(error => {
      console.error(error);
    });
...
```

打开控制台查看 console，只要传入了 todos/1 就可以让 URL 顺利拼接并发送请求，可以看到，成功地输出了 axiosInstance 和返回值，效果如图 7.11 所示。

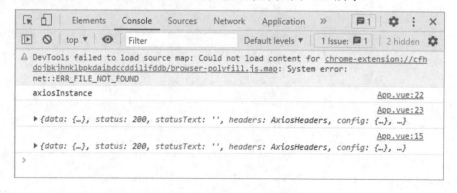

图 7.11　使用拦截器发送网络请求

7.6　小　　结

Axios 作为一种常用的网络请求工具，可以轻松地完成各种类型的 HTTP 请求。而在 Vue 3 中，可以通过封装 Axios 实例来实现网络请求功能。本章不仅介绍了 Axios 的基本用法和 HTTP 的基础知识，而且详细讲解了 HTTP 与 HTTPS 的区别、为什么需要使用 HTTPS、HTTPS 的工作原理和申请流程以及如何处理跨域请求。最后通过一个综合案例演示了如何封装 Axios，使其更符合实际需求。在使用 Axios 时，需要注意请求的参数格式、响应的数据格式等问题。相信通过本章的学习，读者可以轻松地使用 Axios 完成 Vue 3 中的网络请求功能。

第 8 章　使用 Vue Router 构建单页应用

在传统的多页应用中，每个页面都是独立的，由服务器渲染并返回给浏览器，用户每次单击链接都需要重新向服务器请求新页面并重新加载整个页面。而在单页应用中，所有页面都在同一个 HTML 页面中，只是通过路由的切换来呈现不同的内容，减少了页面切换时的网络请求，提高了用户的体验。

Vue Router 是 Vue 官方开发的路由管理器。它允许开发者在单页应用程序（SPA）中实现基于组件的导航。使用 Vue Router 可以方便地在应用程序中进行路由配置，包括定义路由和路由参数，并实现页面之间的跳转和传递参数等功能。Vue Router 提供了几个核心概念，包括路由、路由参数和路由导航等。可以通过定义路由将路径映射到组件中，使用路由参数传递数据，并通过路由导航实现页面跳转。Vue Router 还提供了一些高级功能，如路由守卫、动态路由和命名路由等。路由守卫可以用于在路由跳转前进行一些拦截操作，动态路由可以根据不同的参数动态生成路由，命名路由可以方便地进行路由跳转和参数传递。

在构建 Vue 3 单页应用程序时，使用 Vue Router 可以提高开发效率和用户体验，同时也让代码更加清晰易懂。

本章涉及的主要内容点如下：
- ❑ 路由的基本用法；
- ❑ 路由的跳转与传参；
- ❑ 路由守卫；
- ❑ 实战练习：路由权限控制。

8.1　路由的基本用法

Vue Router 提供了一种简单、灵活的方式来实现单页面应用的路由管理。在使用之前，通常使用以下两种方式进行安装。

方式一：执行 vue create 命令创建项目，并在创建过程中勾选 Router。

```
vuecreateMyRouter
```

命令运行效果如图 8.1 所示。

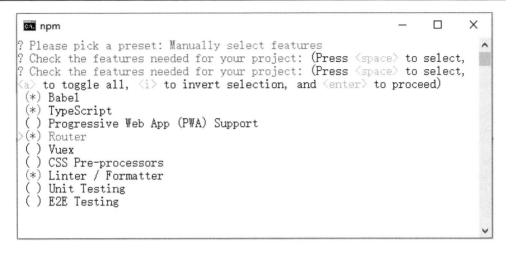

图 8.1　使用 Vue CLI 搭建 Router

执行 npm create 命令创建项目，并在询问是否创建 Router 时选择 Yes。

```
npmcreatevue@3
```

命令运行效果如图 8.2 所示。

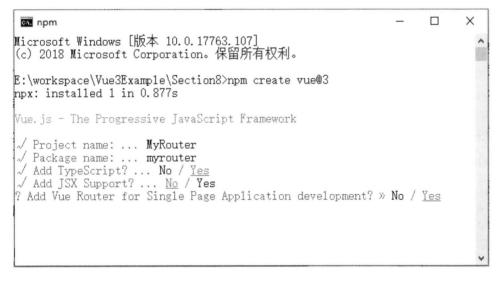

图 8.2　使用 create-vue 搭建 Router

方式二：使用 NPM 或 YARN 安装。

```
npm install vue-router
yarn add vue-router
```

这里笔者推荐用第一种方式，因为其比较简单、快捷。使用第一种方式的 create-vue 新建一个项目 MyRouter，如果可以正常运行 localhost:5173/about 网页就表示创建成功了，如图 8.3 所示。

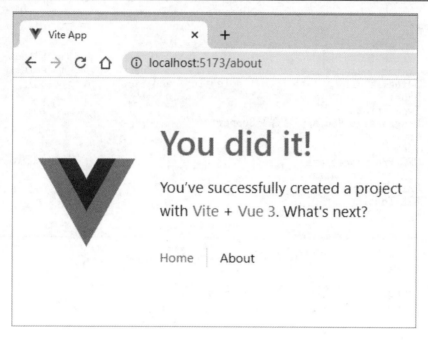

图 8.3　Vue Router 使用示例

8.1.1　使用 RouterLink 创建导航链接

Vue 3 中的 RouterLink 组件是用于处理路由导航的组件。当用户单击链接时，RouterLink 会自动触发路由跳转，并且可以设置路由参数和携带任意数据。

RouterLink 的用法示例不需要我们来写，因为项目生成时已经创建了一个很好的例子。打开 App.vue 观察下面这段代码：

```
...
<RouterLink to="/">Home</RouterLink>
<RouterLink to="/about">About</RouterLink>
...
```

这里有两个 RouterLink 组件，一个指向 "/" 路径，一个指向 "/about" 路径。当用户单击这些链接时，Vue Router 会根据相应的路由配置加载相应的组件。

to 属性用于指定链接的目标路由路径。可以直接传递一个字符串，也可以使用路由参数对象进行设置，例如：

```
<router-link :to="{name: 'about', params: {msg: 123}}">About</router-link>
```

关于传值的具体用法会在后面详细讲解，现在先了解 RouterLink 的使用。细心的读者可能已经发现问题了，添加 "/" "/about" 这两个路径，程序不知道会跳转到哪个页面上。现在打开 sr/router/index.ts 文件，一起来分析里面的代码：

```
// 导入 Vue Router 相关函数
import { createRouter, createWebHistory } from 'vue-router'

// 导入视图组件
import HomeView from '../views/HomeView.vue'
```

```
// 创建路由实例
const router = createRouter({
  // 使用 createWebHistory 模式，基于浏览器的历史记录
  history: createWebHistory(import.meta.env.BASE_URL),

  // 定义路由规则
  routes: [
    {
      path: '/',
      name: 'home',                          // 路由名称
      component: HomeView                     // 路由对应的组件
    },
    {
      path: '/about',
      name: 'about',
      // 使用异步组件加载 AboutView 组件
      component: () => import('../views/AboutView.vue')
    }
  ]
})

// 导出路由实例
export default router
```

上面这段代码是 Vue 3 中使用 Vue Router 的示例代码。代码中首先引入了 createRouter 和 createWebHistory 方法，它们是 Vue Router 提供的工厂函数，用于创建路由实例和路由模式。

接着通过 createRouter 方法创建了一个路由实例 router，其中传递了两个参数：

❑ history 参数表示路由模式，这里使用了 createWebHistory 方法，表示使用 HTML5 history 模式进行路由导航。该方法需要传入一个基础 URL，可以通过 import.meta.env.BASE_URL 获取。

❑ routes 参数表示路由配置，其中定义了以下两个路由。

  ➢ "/" 路径指向了 HomeView 组件，可以通过 name 属性设置路由名称为 'home'。

  ➢ "/about" 路径指向了一个懒加载的组件，可以通过 name 属性设置路由名称为 'about'。

在 "/about" 路径对应的组件中使用了 import，这意味着当路由被访问时，该组件会被异步加载。这样可以提高应用程序的性能和加载速度，特别是当应用程序较大时效果尤为明显。最后，通过 export default 将路由实例 router 导出，以便在应用程序中使用。

此外，还需要知道在哪里调用了这个 index.ts 文件。打开根目录下的 main.ts：

```
import { createApp } from 'vue'
import App from './App.vue'
import router from './router'
import './assets/main.css'

const app = createApp(App)
app.use(router)
app.mount('#app')
```

可以看到，index.ts 会在 main.ts 文件中被引用，然后通过 app.use 挂载到项目中，这样 RouterLink 才能正常使用。

8.1.2　使用 RouterView 渲染路由页面

RouterView 是 Vue Router 中用于显示路由组件的组件。在 Vue Router 中，路由配置中的每个路由都映射到一个组件中，当访问路由时，该组件会被加载并显示在 RouterView 组件中。因此，使用 RouterView 组件可以让应用程序根据路由动态地显示不同的组件。

继续查看 App.vue 文件中的代码：

```
...
<template>
<header>
<img alt="Vue logo" class="logo" src="@/assets/logo.svg" width="125"
height="125" />

<div class="wrapper">
<HelloWorld msg="You did it!" />

<nav>
        <!-- RouterView 中的内容 -->
<RouterLink to="/">Home</RouterLink>
<RouterLink to="/about">About</RouterLink>
</nav>
</div>
</header>

<RouterView />
</template>
...
```

仔细看 template 中的代码，RouterView 显示的就是如图 8.4 右侧所示的内容。随着单击左侧不同的 RouterLink，右侧的 RouterView 绑定的显示内容就会实时更新。

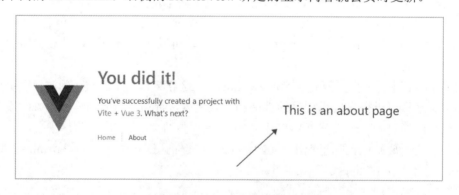

图 8.4　Router-view 使用示例

以上就是 RouterView 组件的基本用法。读者可以根据需要把该组件放在任何地方，以适应创建的页面布局。

8.1.3　动态路由

动态路由是指在路由配置中可以包含动态参数，这些参数可以根据不同的请求动态地改变路由的匹配规则。在 Vue Router 中，动态路由可以用于创建可复用的路由组件，并且可以根据参数的不同动态地加载数据和渲染页面。

Vue Router 支持动态路由的配置方式，可以在路由配置中使用 ":" 表示动态参数。例如，可以这样修改 index.ts：

```
...
routes: [
  {
    path: '/',
    name: 'home',
    component: HomeView
  },
  {
    path: '/about/:id',
    name: 'about',
    component: () => import('../views/AboutView.vue')
  }
]
...
```

注意，在上面的代码中给 about 后面传入了参数 id。接下来还需要修改 App.vue 和 AboutView.vue：

```
// App.vue
...
<RouterLink to="/about/你好啊">About</RouterLink>
...

// AboutView.vue
...
<h1>This is an about page {{$route.params.id}}</h1>
...
```

这里给 RouterLink 的 to 后面传入了文字，然后在 About.vue 中取得这个参数 id。最后单击 About 按钮就可以得到如图 8.5 所示的效果了。

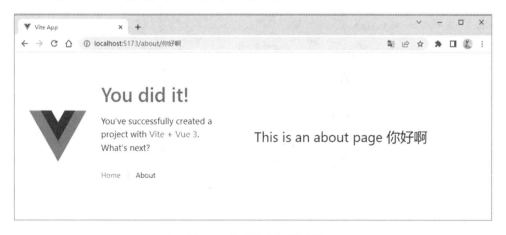

图 8.5　动态路由使用示例

读者还可以尝试修改浏览器地址栏中的内容，例如把 "你好啊" 修改为其他文字，同样可以传给 About。

8.1.4 嵌套路由

嵌套路由是指在一个路由中嵌套另一个路由，也就是将一个路由组件作为另一个路由组件的子组件。在 Vue Router 中，嵌套路由的配置方式与普通路由类似，只需要将嵌套的路由配置添加到父路由的 children 数组中即可。

嵌套路由的作用是让应用程序更加灵活，可以根据需要在某个路由中显示不同的内容，而不必将所有内容都放在同一个组件中。例如，可以在一个包含多个子页面的页面中使用嵌套路由，每个子页面都是一个路由，可以根据路由参数来显示不同的内容。

下面在 src/views 目录下新建两个子页面 Dashboard.vue 和 Profile.vue 进行演示，代码如下：

```
// Dashboard.vue
<template>
<div class="Dashboard">
<h1>Dashboard</h1>
</div>
</template>

// Profile.vue
<template>
<div class="Profile">
<h1>Profile</h1>
</div>
</template>
```

接下来是最关键的一环，需要在 index.ts 中注册：

```
...
  routes: [
    {
      path: '/',
      name: 'home',
      component: HomeView,
// 子路由
      children: [
        {
         name: 'dashboard',
         path: '/',
         component: () => import('../views/Dashboard.vue')
        },
        {
         name: 'profile',
         path: '/Profile',
         component: () => import('../views/Profile.vue')
        }
      ]
    },
    ...
  ]
...
```

这里选择在 Home 页面注册子路由，注册方式与之前类似，在 children 下创建一个数组即可。最后还需要修改 Home.vue，因为还缺少 RouterView，完整代码如下：

```
<template>
<main>
```

```
<RouterLink to="/">Dashboard</RouterLink>
<RouterLink to="/Profile">Profile</RouterLink>
<RouterView />
</main>
</template>

<style scoped>
a {
  margin-right: 16px;
}
</style>
```

这里把影响显示效果的 TheWelcome.vue 删除了，仅留下切换和展示功能，方便读者理解嵌套路由。如果没有报错即成功运行，则可以得到如图 8.6 所示的效果。

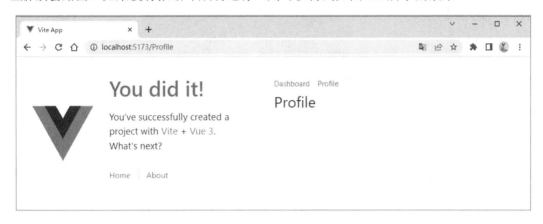

图 8.6　嵌套路由使用示例

到目前为止，如果读者已经掌握了前面介绍的全部内容，那么可以继续学习路由的进阶知识。如果还有疑惑，则需要将以上知识理解透彻后再往下学习，因为这些知识是一环扣一环的，不完全掌握的话将会影响后面的学习。

8.1.5　路由懒加载

在 Vue 3 中，可以使用路由懒加载来优化应用程序的性能。路由懒加载是指在需要时才加载特定的路由组件，而不是在应用程序加载时一次性加载所有的路由组件。这样可以减少应用程序的初始加载时间，从而提高应用程序的性能。

Vue 3 中的路由懒加载是使用 ES 6 的动态 import 方法实现的。可以使用 import 方法异步加载一个模块，然后使用 Webpack 的代码分割功能将这个模块打包成一个独立的块（chunk），这个块在路由被访问时才会加载。

如果要使用路由懒加载，则需要在路由配置中将懒加载的路由组件的 component 属性设置为一个函数，component 函数会返回一个 import 方法。例如 about 组件：

```
{
  path: '/about/:id',
  name: 'about',
  component: () => import('../views/AboutView.vue')
}
```

当/about 路由被访问时，about 组件会被异步加载并渲染。需要注意的是，使用路由懒加载会出现一些副作用。由于组件是在运行时加载的，所以不能在编译时进行类型检查。

8.2　路由的跳转与传参

在 Vue Router 中，路由跳转是非常重要的功能，通过路由跳转可以实现不同页面之间的跳转和数据传递。同时，Vue Router 还提供了一些路由传参的方式，可以方便地将数据传递给目标页面。

8.2.1　路由的跳转

在 Vue Router 中，路由的跳转可以通过编程式导航和声明式导航两种方式来实现。声明式导航是指在模板中使用 RouterLink 来实现路由的跳转，也就是前面的例子中所使用的方法，这里就不再赘述。

除此之外，还有一种编程式导航。编程式导航是指通过编写 JavaScript 代码来实现路由的跳转，在组件中使用$router 对象即可完成路由的跳转。在 Home.vue 中演示如下：

```ts
<template>
<!-- 主界面模板 -->
<main>
<!-- 使用 RouterLink 实现声明式导航到不同页面 -->
<RouterLink to="/">Dashboard</RouterLink>
<RouterLink to="/Profile">Profile</RouterLink>

<!-- 单击按钮触发编程式导航 -->
<button @click="toProfile">编程式导航</button>

<!-- 渲染当前匹配的路由组件 -->
<RouterView />
</main>
</template>

<script lang="ts">
// 导入 Vue Router 相关函数和类型
import type { Router } from 'vue-router'
import { useRouter, RouterLink, RouterView } from 'vue-router'

// 默认导出组件配置
export default {
  setup() {
    // 获取路由实例
    const router: Router = useRouter()

    // 定义编程式导航方法
    const toProfile = (): void => {
      router.push('/Profile')              // 调用 push 方法跳转到 '/Profile'
    }

    // 返回 toProfile 方法，供模板使用
    return {
```

```
      toProfile
    };
  },
};
</script>

<style scoped>
a {
  margin-right: 16px;
}
</style>
```

主要看 script 标签中的代码，使用编程式导航不能像 Vue 2 一样直接使用 this.$router 方法进行页面跳转，必须先引入声明能使用的跳转方法。其中，router.push 方法就是控制代码跳转的关键。成功运行后，效果如图 8.7 所示。

图 8.7　路由的跳转使用示例

8.2.2　路由的传参

在路由跳转时，需要将一些数据传递给目标页面，这时就需要使用路由传参。Vue Router 提供了多种路由传参的方式，传参同样分为编程式导航和声明式导航。声明式导航传参是直接在 RouterLink 中填写参数即可，这里重点要学习的是更为灵活的编程式导航传参。编程式导航传参可以使用 params 和 query 参数进行传参，下面新建 ParamsView.vue 和 QueryView.vue 两个页面分别展示其用法：

```
// QueryView.vue

<template>
<!-- query 组件模板 -->
<div class="Query">
<!-- 显示通过$route.query 获取的 ID 值 -->
<h1>Query{{ $route.query.id }}</h1>
</div>
</template>

<script lang="ts">
import { useRoute } from 'vue-router'

// 导出 query 组件配置
export default {
```

```
    name: 'Query',                              // 组件名
    setup() {
      // 使用 useRoute 函数获取当前路由信息
      const route = useRoute()

      // 打印 route.query，查看查询参数的内容
      console.log(route.query)
    }
}
</script>

<!-- ParamsView.vue -->
<template>
<!-- params 组件模板 -->
<div class="Params">
<!-- 显示通过$route.params 获取的 ID 值 -->
<h1>Params{{ $route.params.id }}</h1>
</div>
</template>

<script lang="ts">
import { useRoute } from 'vue-router'

// 导出 params 组件配置
export default {
  name: 'Params',                              // 组件名
  setup() {
    // 使用 useRoute 函数获取当前路由信息
    const route = useRoute()

    // 打印 route.params，查看路由参数的内容
    console.log(route.params)
  }
}
</script>
```

接下来在 index.ts 中注册 params 和 query 这两个组件。

```
...
  routes: [
    {
      path: '/',
      name: 'home',
      component: HomeView,
      children: [
...
      {
        name: 'params',
        path: '/Params/:id',
        component: () => import('../views/ParamsView.vue')
      },
      {
        name: 'query',
        path: '/Query',
        component: () => import('../views/QueryView.vue')
      }
    ]
  },
...
  ]
```

```
})
...
```

最后在 Home.vue 中添加跳转和传值的逻辑即可。

```ts
<template>
<!-- 主页面模板 -->
<main>
<!-- 使用 RouterLink 导航到不同的页面 -->
<RouterLink to="/">Dashboard</RouterLink>
<RouterLink to="/Profile">Profile</RouterLink>

<!-- 按钮用于演示编程式导航 -->
<button @click="toProfile">编程式导航到 Profile</button>
<button @click="toParams">编程式导航到 Params</button>
<button @click="toQuery">编程式导航到 Query</button>

<!-- 渲染当前路由对应的组件内容 -->
<RouterView />
</main>
</template>

<script lang="ts">
import type { Router } from 'vue-router'
import { useRouter } from 'vue-router'

// 导出组件配置
export default {
  setup() {
    // 使用 useRouter 获取路由对象
    const router: Router = useRouter()

    // 编程式导航到/Profile
    const toProfile = (): void => {
      router.push('/Profile')
    }

    // 编程式导航到包含参数的路由
    const toParams = (): void => {
      router.push({ name: 'params', params: { id: 123 } })
    }

    // 编程式导航到包含查询参数的路由
    const toQuery = (): void => {
      router.push({ name: 'query', query: { id: 123 } })
    }

    return {
      toProfile,
      toParams,
      toQuery
    };
  },
};
</script>

<style scoped>
a {
  margin-right: 16px;
```

```
}
button {
  margin-right: 16px;
}
</style>
```

代码运行效果如图 8.8 和图 8.9 所示。

图 8.8　使用 query 参数传值示例

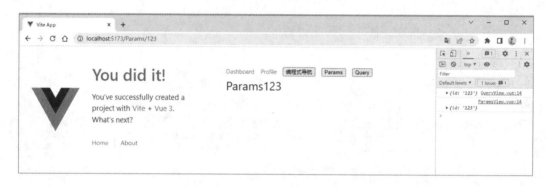

图 8.9　使用 params 参数传值示例

先看代码，当单击按钮时进行传值并显示在对应的组件上。如果想在生命周期中取到传入值，那么可以查看 console 的输出。其实以上两种传值方式只是在 router.push 方法中的 key 值不同，一个是 params，另一个是 query，在实际开发中用哪一个都可以。那么它们的区别是什么呢？

观察图 8.8 和图 8.9 中的地址栏可以发现，图 8.8 中网址的结尾是?id=123，而图 8.9 中网址的结尾是/123，这个细微之处就是它们的区别。

需要注意的是，如果使用的是 params，index.ts 设置错误时会显示如图 8.10 所示的错误。

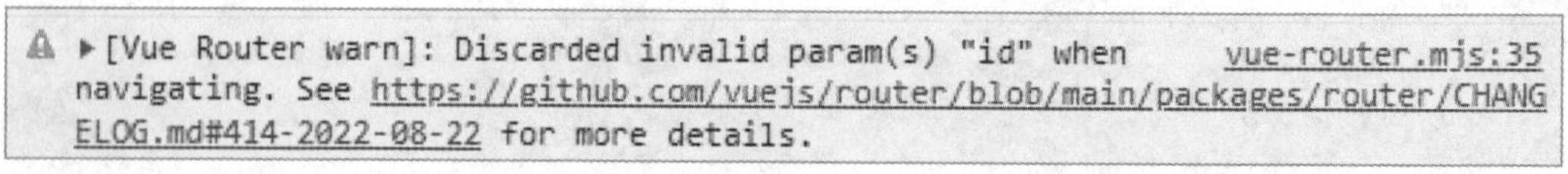

```
⚠ ▶[Vue Router warn]: Discarded invalid param(s) "id" when        vue-router.mjs:35
  navigating. See https://github.com/vuejs/router/blob/main/packages/router/CHANG
  ELOG.md#414-2022-08-22 for more details.
```

图 8.10　params 传值设置错误示例

此时地址栏就不会传递 ID 了，因为无效的参数会被 Vue 自动清除。Vue Router4.1.4 (2022-08-22)官方版本中的改动细节可以参考图 8.11。

4.1.4 (2022-08-22)

Important Note

Changes introduced by e8875705eb8b8a0756544174b85a1a3c2de55ff6.

If you were relying on passing `params` that were not defined as part of the `path`, eg: having a route defined as follows:

```
{
  path: '/somewhere',
  name: 'somewhere'
}
```

And pushing with an *artificial* param:

```
router.push({ name: 'somewhere', params: { oops: 'gets removed' } })
```

This change will break your app. This behavior has worked in some scenarios but has been **advised against** for years as it's an anti-pattern in routing for many reasons, one of them being reloading the page lose the params. Fortunately, there are multiple alternatives to this anti-pattern:

- Putting the data in a store like pinia: this is relevant if the data is used across multiple pages

- Move the data to an actual *param* by defining it on the route's `path` or pass it as `query` params: this is relevant if you have small pieces of data that can fit in the URL and should be preserved when reloading the page

- Pass the data as `state` to save it to the History API state:

```
<router-link :to="{ name: 'somewhere', state: { myData } }">...</router-link>
<button
  @click="$router.push({ name: 'somewhere', state: { myData } })"
>...</button>
```

Note `state` is subject to History state limitations.

图 8.11　params 传值在 Vue Router 4.1.4 中的改动

8.3　路　由　守　卫

在使用 Vue Router 时，路由守卫扮演着重要的角色，其主要用于控制路由的访问权限和跳转时的拦截。路由守卫分为 3 种类型，即前置守卫、解析守卫和后置守卫。它们分别在路由跳转的不同阶段进行拦截和处理，给开发者提供了很大的帮助。

8.3.1　前置守卫：导航前的权限检查

前置守卫用于在路由切换前执行一些操作，如验证用户是否已登录或者是否具有访问权限等。Vue Router 提供了全局前置守卫和路由独享的前置守卫两种形式。

全局前置守卫可以使用 router.beforeEach 方法注册，该方法接收一个回调函数作为参数，该回调函数会在每次路由切换前执行。修改 src/router/index.ts 的代码如下：

```
...
router.beforeEach((to, from, next) => {
  // to: 即将要进入的目标路由对象
  console.log(to)
```

```
    // from: 当前导航正要离开的路由对象
    console.log(from)
    // next: 必须被调用才能进入下一个钩子函数，否则路由不会切换
    next();
})
export default router
```

运行代码，单击导航链接进行页面跳转测试，观察控制台，输出信息如图 8.12 所示。

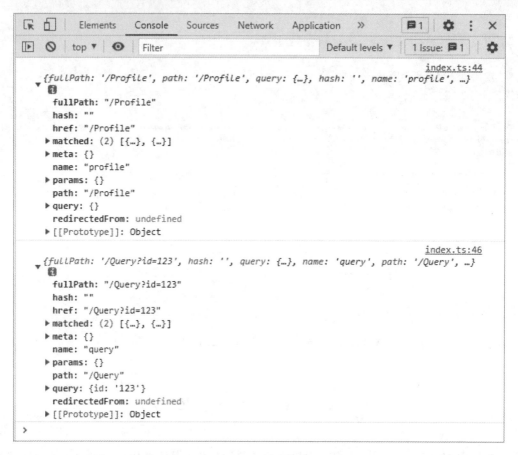

图 8.12　前置守卫控制台输出示例

从控制台的输出信息中可以看到全部内容，name 就是跳转路由的名词。其他信息在注释中已经给出了，可以在其中看到路由从哪来，到哪去。对于不符合业务的条件判断，只需要在 if 中禁止调用 next 函数即可。

8.3.2　解析守卫：导航中的数据解析

解析守卫用于在路由解析组件之前执行一些操作，如获取数据或预处理路由参数等。Vue Router 提供了全局解析守卫和路由独享的解析守卫。

全局解析守卫可以使用 router.beforeResolve 方法注册，该方法接收一个回调函数作为参数，该回调函数会在路由解析组件之前执行。继续修改 index.ts 的代码：

```
...
router.beforeResolve((to, from, next) => {
```

```
  // 在路由解析组件之前执行一些操作
  console.log('开始解析了')
  next();
})
export default router
```

运行代码，单击导航链接进行页面跳转测试，观察控制台，输出信息如图 8.13 所示。

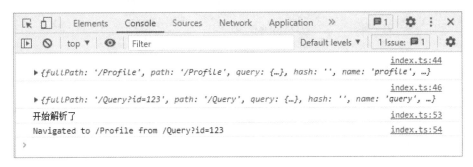

图 8.13　解析守卫控制台输出示例

从控制台的输出信息中可以看到，beforeResolve 的执行在 beforeEach 之后，而它们获得的参数都是相同的，因此应根据业务条件来判断，来改变调用 next 函数的时机。

8.3.3　后置守卫：导航后的逻辑处理

后置守卫在导航成功完成之后被调用。与前置守卫不同，后置守卫无法阻止导航完成，因为所有的钩子函数已经被调用了。后置守卫主要用于执行一些与导航有关的异步操作或者动画效果等。

在 vue-router 中，后置守卫可以使用 afterEach 函数来实现。它接收一个回调函数作为参数，该回调函数会在每次成功完成导航后被调用。继续修改 index.ts 的代码：

```
...
router.afterEach((to, from) => {
  console.log('后置守卫生效')
  console.log(`Navigated to ${to.fullPath} from ${from.fullPath}`)
})
export default router
```

运行代码，单击导航链接进行页面跳转测试，观察控制台，输出信息如图 8.14 所示。

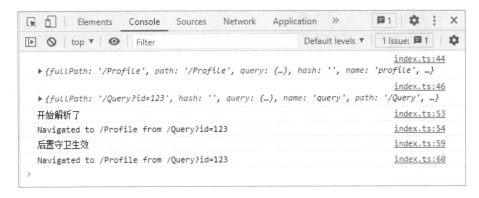

图 8.14　后置守卫控制台输出示例

从 afterEach 方法中可以看到，因为已经跳转完成，所以不需要再执行 next 函数了。在 afterEach 方法的回调函数中，可以根据 to 和 from 参数来执行一些操作，如记录路由历史、统计页面访问量等。

最后再补充一个知识点。如果不想进行全局监听，只想监听单独的某一个路由跳转可以吗？当然可以，以 dashboard 举例，可以把路由守卫写在它的对象里，代码如下：

```
// index.ts
...
{
  name: 'dashboard',
path: '/',
  component: () => import('../views/Dashboard.vue'),
  beforeEnter: (to, from, next) => {
// 写入你的业务代码
    next();
  }
}
...
```

以上就是路由守卫的全部内容。8.4 节将以一个综合练习复习所学的内容。

8.4　实战练习：路由权限控制

本节通过一个实战练习进一步加深对 Vue Router 的理解和应用。在这个练习中将制作数个页面，并加入路由和权限的判定。通过本节的学习，读者可以了解如何在实际项目中使用 Vue Router 的常用方法，为开发更复杂的应用打下坚实的基础。

8.4.1　搭建项目

首先使用下列命令新建一个项目：

```
npmcreate vue@3
```

项目名称为 RouterDemo，配置项勾选上 TypeScript 和 VueRouter。

这次使用一个 UI 框架，输入以下指令安装 Element Plus：

```
npm install element-plus --save
```

然后修改 src/main.ts，引入 Element Plus：

```
import { createApp } from 'vue'
import App from './App.vue'
import router from './router'
import ElementPlus from 'element-plus'
import 'element-plus/dist/index.css'
import './assets/main.css'

const app = createApp(App)

app.use(router)
```

```
app.use(ElementPlus)
app.mount('#app')
```

至此，对于项目的基本配置包括项目创建、Router 创建和引入 UI 框架等就已经配置
完成了。

8.4.2　制作用户页

在 src/views 的目录下新建一个 UserList.vue 并输入以下代码：

```
<template>
<!-- 使用 Element Plus 表格显示用户列表 -->
<div>
<!-- el-table 组件用于显示表格 -->
<el-table :data="userList" border>
<!-- el-table-column 用于定义列 -->
<el-table-column prop="name" label="姓名"></el-table-column>
<el-table-column prop="age" label="年龄"></el-table-column>
<el-table-column prop="email" label="Email"></el-table-column>
</el-table>
</div>
</template>

<script setup lang="ts">
import { reactive } from 'vue';

// 定义 User 接口
interface User {
  name: string;
  email: string;
  age: number;
}

// 使用 reactive 创建响应式的用户列表
const userList: User[] = reactive([
  { name: '张三', email: 'zhangsan@example.com', age: 28 },
  { name: '李四', email: 'lisi@example.com', age: 32 },
  { name: '王五', email: 'wangwu@example.com', age: 27 },
  { name: 'John Doe', email: 'john@example.com', age: 25 },
  { name: 'Jane Smith', email: 'jane@example.com', age: 30 },
]);
</script>
```

上面的页面代码并不复杂，主要用于展示用户数据。继续在 src/views 目录下新建一个
文件 UserInfo.vue 并输入以下代码：

```
<template>
<!-- 使用 Element Plus 的卡片组件显示用户详情 -->
<el-card :body-style="{ display: 'flex', 'align-items': 'center',
'font-size': '20px' }">
<div class="avatar">
<!-- 用户头像 -->
<img src="@/assets/avatar.jpg" alt="Avatar">
```

```
</div>
<div class="user-details">
<!-- 用户的详细信息 -->
<h3>{{ user.name }}</h3>
<p>{{ user.email }}</p>
<p>年龄：{{ user.age }}</p>
<p>分数：{{ user.score }}</p>
</div>
</el-card>
</template>

<script setup lang="ts">
import { ref } from 'vue';

// 定义 User 接口
interface User {
  name: string;
  email: string;
  age: number;
  score: number;
}

// 使用 ref 创建响应式的用户对象
const user = ref<User>({
  name: '张三',
  email: 'zhangsan@example.com',
  age: 28,
  score: 99
});
</script>

<style scoped>
.user-info-card {
  height: 100%;

}

.avatar img {
  width: 120px;
  height: 120px;
  border-radius: 50%;
  object-fit: cover;
}

.user-details {
  margin-left: 20px;
}
</style>
```

上一个页面是用户列表，这个页面则是用户详细信息页。后面会再创建一个登录页，并通过权限控制未登录的用户禁止查看用户详情页。目前还没有把创建的页面添加到路由中，因为后面还需要对权限进行一些处理，读者可以自行添加和测试。代码运行效果如图 8.15 和图 8.16 所示。

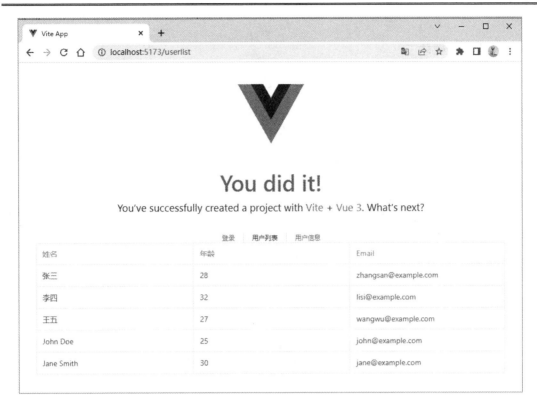

图 8.15　用户列表页

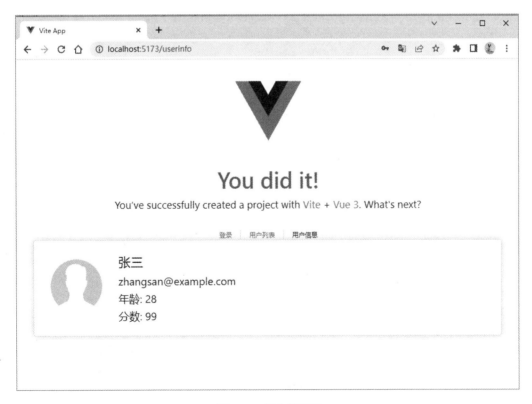

图 8.16　用户详情页

8.4.3　制作登录页

在 src/views 目录下新建一个 Login.vue 并输入以下代码：

```
<template>
<!-- 用户登录表单 -->
<div>
<el-form v-if="!loggedIn" ref="ruleFormRef" :model="ruleForm" status-icon :
rules="rules" label-width="120px"
    class="demo-ruleForm">
<el-form-item label="用户名" prop="username">
<!-- 用户名输入框 -->
<el-input v-model="ruleForm.username" autocomplete="off" />
</el-form-item>
<el-form-item label="密码" prop="pass">
<!-- 密码输入框 -->
<el-input v-model="ruleForm.pass" type="password" autocomplete="off" />
</el-form-item>
<el-form-item>
<!-- 提交按钮和重置按钮 -->
<el-button type="primary" @click="submitForm(ruleFormRef)">提交</el-button>
<el-button @click="resetForm(ruleFormRef)">重置</el-button>
</el-form-item>
</el-form>
<!-- 已登录状态 -->
<div v-else>
<h2>已登录</h2>
<el-button type="primary" @click="logout">退出登录</el-button>
</div>
</div>
</template>

<script lang="ts" setup>
import { reactive, ref, onMounted } from 'vue'
import type { FormInstance, FormRules } from 'element-plus'

// 表单实例引用
const ruleFormRef = ref<FormInstance>()

// 登录状态
const loggedIn = ref<boolean>(false)

// 验证用户名是否输入
const checkUsername = (rule: any, value: any, callback: any) => {
  if (!value) {
    return callback(new Error('请输入用户名'))
  }
  callback()
}

// 验证密码是否输入
const validatePass = (rule: any, value: any, callback: any) => {
  if (value === '') {
    callback(new Error('请输入密码'))
  } else {
    callback()
```

```
  }
}

// 响应式的表单数据
const ruleForm = reactive({
  username: '',
  pass: '',
})

// 表单验证规则
const rules = reactive<FormRules>({
  username: [{ validator: checkUsername, trigger: 'blur' }],
  pass: [{ validator: validatePass, trigger: 'blur' }],
})

// 提交表单
const submitForm = (formEl: FormInstance | undefined) => {
  if (!formEl) return
  formEl.validate((valid) => {
    if (valid) {
      localStorage.setItem('username', ruleForm.username)
      loggedIn.value = true
      formEl.resetFields()
    } else {
      return false
    }
  })
}

// 重置表单
const resetForm = (formEl: FormInstance | undefined) => {
  if (!formEl) return
  formEl.resetFields()
}

// 退出登录
const logout = () => {
  localStorage.removeItem('username')
  loggedIn.value = false
}

// 在组件挂载后检查登录状态
onMounted(() => {
  const username = localStorage.getItem('username')
  if (username) {
    loggedIn.value = true
  }
})
</script>
```

以上这段代码实现了一个简单的登录表单功能，包含以下几部分：

❑ 模板部分：使用条件渲染（v-if 和 v-else）根据用户是否已登录来显示不同的内容。
如果用户未登录，则显示登录表单；如果用户已登录，则显示已登录的提示信息
和退出登录按钮。

❑ 数据部分：使用 reactive 函数创建了一个响应式的 ruleForm 对象，该对象包含用
户名和密码的属性。使用 ref 创建了一个响应式的 loggedIn 变量，用于跟踪用户的
登录状态。

- ❑ 校验规则：定义了校验用户名和密码的验证器函数 checkUsername 和 validatePass，并将其添加到 rules 对象中，以便在表单验证时进行校验。
- ❑ 方法：submitForm 方法用于提交表单，将用户名保存到 localStorage 中并将 loggedIn 设置为 true，表示用户已登录。resetForm 方法用于重置表单。logout 方法用于清除 localStorage 中的用户名并将 loggedIn 设置为 false，表示用户已退出登录。
- ❑ 生命周期钩子函数：使用 onMounted 钩子函数，在组件挂载后检查 localStorage 中是否存在用户名，如果存在，则将 loggedIn 设置为 true，表示用户已登录。

现在页面已经制作完毕，在 8.4.4 节中我们将把路由整合起来并加入权限判定。

8.4.4　路由权限

打开 src/router/目录下的 index.ts 并修改为以下代码：

```
import { createRouter, createWebHistory } from 'vue-router'
import HomeView from '../views/HomeView.vue'
import { ElMessage } from 'element-plus'

// 创建路由实例
const router = createRouter({
  history: createWebHistory(import.meta.env.BASE_URL),
  routes: [
    // 主页路由
    {
      path: '/',
      name: 'home',
      component: HomeView
    },
    // 关于页面路由
    {
      path: '/about',
      name: 'about',
      component: () => import('../views/AboutView.vue')
    },
    // 登录页面路由
    {
      path: '/login',
      name: 'login',
      component: () => import('../views/Login.vue')
    },
    // 用户列表页面路由
    {
      path: '/userlist',
      name: 'userlist',
      component: () => import('../views/UserList.vue')
    },
    // 用户信息页面路由
    {
      path: '/userinfo',
      name: 'userinfo',
      component: () => import('../views/UserInfo.vue')
    }
  ]
})
```

```
// 全局前置守卫
router.beforeEach((to, from, next) => {
  const username = localStorage.getItem('username')
  if (!username && to.fullPath == '/userinfo') {
    ElMessage.error('你还没有登录，请先登录')
    next('/login')
  } else {
    next();
  }
})

// 全局解析守卫
router.beforeResolve((to, from, next) => {
  console.log('开始解析了')
  next();
})

// 全局后置守卫
router.afterEach((to, from) => {
  console.log('后置守卫生效')
  console.log(`Navigated to ${to.fullPath} from ${from.fullPath}`)
})

// 导出路由实例
export default router
```

如果前面的知识点掌握了，那么理解这些代码就很容易了，主要分析 beforeEach 部分，在这里读取 localStorage 中存储的参数，如果未登录并且要进入 userinfo 页面，则弹窗提示，并强制跳转回登录页。

最后还需要修改 App.vue，让页面显示出来：

```
...
<template>
<header>
<img alt="Vue logo" class="logo" src="@/assets/logo.svg" width="125"
height="125" />

<div class="wrapper">
<HelloWorld msg="You did it!" />

<nav>
<RouterLink to="/login">登录</RouterLink>
<RouterLink to="/userlist">用户列表</RouterLink>
<RouterLink to="/userinfo">用户信息</RouterLink>
</nav>
</div>
</header>

<RouterView />
</template>
...
```

运行代码，在没有权限进行跳转时，可以得到如图 8.17 所示的效果，页面顶部会出现提示语并自动跳转到登录页。

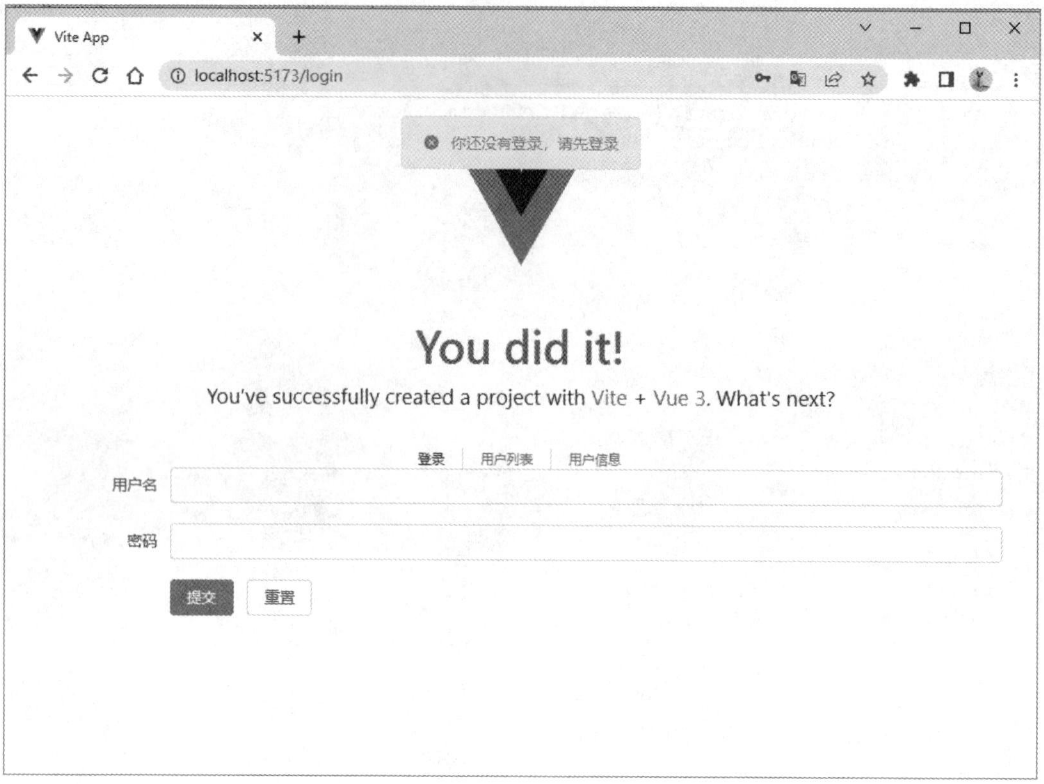

图 8.17　权限判断跳转

8.5　小　　结

本章讲解了 Vue Router 的基本用法、路由跳转与传参、路由守卫等内容，可以实现更加灵活、精细的路由控制及更好的用户体验。最后通过一个实战练习，搭建了一个简单的路由框架，并通过路由守卫功能实现了一个基本页面的跳转和数据展示效果。

Vue Router 是 Vue 3 中非常重要的一个插件，它提供了丰富的路由功能，可以进行更加灵活和高效的页面开发。通过本章的学习，读者可以更加深入地了解 Vue Router 的使用方法，从而在实际项目中更好地应用。

第 9 章　Vuex 状态管理与应用调优

在 Vue 3 中，Vuex 是一个用于状态管理的官方库。它提供了一个中央存储库来帮助管理和共享应用程序的状态。Vuex 允许开发人员将应用程序的状态（如用户信息、主题设置、购物车数据等）集中到一个单一的状态树中，并以可预测的方式进行修改。

在 Vue 3 中，Vuex 的使用方式和 Vue 2 相比基本保持不变，虽然核心概念都是 state、mutations、actions、getters 和 setter，但是在内部实现上有很大的改进。Vuex 目前使用了基于 Proxy 的响应式系统，使得状态变化可以得到更好的追踪和优化，同时提供了更高的性能。此外，Vuex 还支持在组件中使用 Composition API，使得编写可重用性和组合性的代码更加容易。

虽然目前有 Pinia 等新型状态管理库可供选择，但是 Vuex 仍是必须掌握的内容。Vuex 已经存在于 Vue 社区中很长时间，并且被广泛使用在各种项目中，因此很多开发者仍然将 Vuex 作为首选状态管理库。本章将会把重点放在 Vuex 的学习和实践上。

本章涉及的主要内容点如下：
- ❑ Vuex 的基本用法；
- ❑ Vuex 的核心概念；
- ❑ Vuex 的使用技巧；
- ❑ 使用 NVM 管理 NPM 的版本；
- ❑ 实战练习：使用 Vuex 处理登录信息。

9.1　Vuex 的基本用法

Vuex 是一个专为 Vue 应用程序开发的状态管理模式。它采用集中式存储方式来管理应用的所有组件的状态，并以相应的规则保证组件的状态以一种可预测的方式变化。使用下列命令新建一个项目：

```
npmcreatevue@3
```

配置项勾选上 TypeScript 和 VueRouter。要使用 Vuex，还需要安装并引入 Vuex 库：

```
npm install vuex --save
```

接下来编写一个简单的例子，演示 Vuex 的基本用法。先在 src/store/目录下新建一个文件 index.ts 并输入以下代码：

```
import { createStore, Store } from 'vuex'

// 定义状态接口
interface State {
```

```
  count: number
}

// 初始化状态对象
const state: State = {
  count: 0
}

// 定义 getters
const getters = {
  doubleCount: (state: State) => {
    return state.count * 2
  }
}

// 定义 mutations
const mutations = {
  increment(state: State) {
    state.count++
  }
}

// 定义 actions
const actions = {
  incrementAsync({ commit }: { commit: Function }) {
    // 模拟异步操作,在 1 秒后调用 increment mutation
    setTimeout(() => {
      commit('increment')
    }, 1000)
  }
}

// 创建 Vuex 存储实例
const store: Store<State> = createStore<State>({
  state,
  getters,
  mutations,
  actions
})

// 导出存储实例
export default store
```

上面这段代码看不懂也没关系,在 9.2 节中会逐一进行解释。接下来还需要在 main.ts 中引入 store:

```
import { createApp } from 'vue'
import App from './App.vue'
import router from './router'
import store from './store'

import './assets/main.css'

const app = createApp(App)
```

```
app.use(router)
app.use(store)

app.mount('#app')
```

最后修改 HomeView.vue 的代码，编写一个用于展示的页面：

```
<template>
<div>
<!-- 显示当前计数 -->
<p>当前计数：{{ count }}</p>
<!-- 显示计数的两倍 -->
<p>计数的两倍：{{ doubleCount }}</p>
<!-- 单击按钮增加计数 -->
<button @click="increment">增加计数</button>
<!-- 单击按钮异步增加计数 -->
<button @click="incrementAsync">异步增加计数</button>
</div>
</template>

<script lang="ts">
import { defineComponent, computed } from 'vue'
import { useStore } from 'vuex'

export default defineComponent({
  setup() {
    // 使用 useStore 获取 Vuex store 实例
    const store = useStore()

    // 使用 computed 创建计算属性来获取状态和 getters
    const count = computed(() => store.state.count)
    const doubleCount = computed(() => store.getters.doubleCount)

    // 定义增加计数的方法
    const increment = () => {
      store.commit('increment')
    }

    // 定义异步增加计数的方法
    const incrementAsync = () => {
      store.dispatch('incrementAsync')
    }

    return {
      count,
      doubleCount,
      increment,
      incrementAsync
    }
  }
})
</script>
```

代码运行效果如图 9.1 所示。

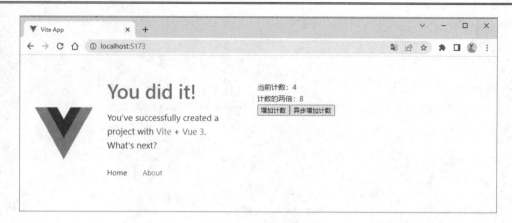

图 9.1　Vuex 的基本用法

单击"增加计数"按钮会立即响应，单击"异步增加计数"按钮则会在停留 1s 然后发生变化。在这个 Vue 组件中引入了 defineComponent、computed 及 useStore 函数（用于获取 store 实例）。在 setup 函数中使用 computed 创建了两个计算属性 count 和 doubleCount，分别用于访问 store 中的状态和 getter。然后定义了两个方法 increment 和 incrementAsync，分别用于提交 mutation 和分发 action。

9.2　Vuex 的核心概念

Vuex 框架有 5 个重要的核心概念，分别是 State、Getter、Mutation、Action 及 Module。在接下来的内容中将对这些重要的概念逐一介绍。

9.2.1　State：共享状态数据

State 是 Vuex 中的状态对象，用于存储整个应用的状态数据。在下面的代码中定义一个名为 count 的状态：

```
// 定义 State 接口，表示 Vuex 中的状态
interface State {
  count: number                              // 计数器的值
}

// 创建一个初始状态对象，包含一个初始计数值
const state: State = {
  count: 0                                   // 初始计数值为 0
}
```

在组件中访问 State：

```
this.$store.state.count
```

9.2.2　Getter：计算派生状态

Getter 类似于 Vue 组件中的计算属性，用于根据 State 中的状态计算出新的值。Getter

可以在不修改原始状态的情况下获取派生出的值。在下面的代码中定义一个名为
doubleCount 的 Getter，用于获取 count 的两倍值：

```
//计算计数的两倍值
const getters = {
  doubleCount: (state: State) => {
    return state.count * 2
  }
}
```

在组件中访问 Getter：

```
this.$store.getters.doubleCount
```

9.2.3　Mutation：同步修改状态

Mutation 是用于修改 State 中的状态的方法。在 Vuex 中，只有通过 Mutation 才能更改
State。这样做的目的是让开发者能够更清晰地查询到状态的变化情况。在下面的代码中定
义一个名为 increment 的 Mutation，用于将 count 的值加 1：

```
// 同步状态
const mutations = {
  increment(state: State) {
    state.count++
  }
}
```

在组件中提交 Mutation：

```
this.$store.commit('increment')
```

9.2.4　Action：分发与处理异步任务

Action 类似于 Mutation，但它不会直接修改状态，而是提交 Mutation。Action 可以包
含异步操作，如 API 调用等。在下面的代码中定义一个名为 incrementAsync 的 Action，用
于异步提交 incrementmutation：

```
// 一秒后处理
const actions = {
  incrementAsync({ commit }: { commit: Function }) {
    setTimeout(() => {
      commit('increment')
    }, 1000)
  }
}
```

在组件中分发 Action：

```
this.$store.dispatch('incrementAsync')
```

9.2.5　Module：模块化组织状态

当一个应用变得复杂时，将所有状态、Getter、Mutation 和 action 都放在一个单一的
store 中可能会导致代码变得难以维护。为了解决这个问题，Vuex 允许开发者将 store 分割

成模块（Module），每个模块可以拥有自己的状态、Getter、Mutation 和 action。以下是一个简单的例子：

```
const moduleA = {
  state: { ... },
  mutations: { ... },
  actions: { ... },
  getters: { ... }
}

// 多模块合并
const store = new Vuex.Store({
  modules: {
    a: moduleA
  }
})
```

9.3　Vuex 的使用技巧

通过前面的学习，相信读者已经掌握了 Vuex 的基本用法。如果要熟练掌握这个工具，那么还需要知道一些使用技巧。在实际应用中，掌握更多的使用技巧可以提高开发效率和程序的性能。根据应用程序的实际情况选择适合的方法，可以提高应用程序的可维护性和健壮性。

9.3.1　状态持久化

在现代 Web 应用程序中，用户在与应用程序交互时，应用程序状态的改变通常是不可避免的，状态持久化可以将数据或状态存储在本地存储或其他持久化存储中，从而保证数据或状态的持久性。例如，当用户登录后，可以将登录状态存储在本地存储中，以便用户在重新加载页面后仍然保持登录状态。总之，状态持久化是一个非常重要的功能，可以提高应用程序的可用性和用户体验并避免数据丢失。

Vuex 持久化配置通常有两种方式。

方式一：手动利用 HTML 5 的本地存储。

在创建 Vuex 的 State 时，从 localStorage，sessionStorage 或其他存储方式中取值，在定义 mutations 方法时，对 Vuex 的状态进行操作的同时对存储也进行相应的操作。这种方式的缺点就是手动操作比较麻烦。

方式二：使用 vuex-persistedstate 插件。

推荐使用 vuex-persistedstate 插件的方式，毕竟使用工具自动化解决问题肯定比手动解决方便、快捷。首先安装 vuex-persistedstate 插件：

```
npm install vuex-persistedstate --save
```

笔者这里使用的 vuex-persistedstate 插件版本是 4.1.0。然后需要在 store/index.ts 中引入该插件：

```
import { createStore, Store } from 'vuex'
import createPersistedState from "vuex-persistedstate"
```

```
...
const store: Store<State> = createStore<State>({
...
  plugins: [createPersistedState()]
})

export default store
```

成功运行项目，单击"增加计数"按钮，添加一些数据。之后刷新页面或重启浏览器，可以看到数据没有丢失。代码运行效果如图 9.2 所示。

图 9.2　vuex-persistedstate 插件效果演示

只看图 9.2 效果并不明显，打开 Application 的 LocalStorage，可以看到如图 9.3 所示的数据，插件自动把数据保存在了 Vuex 的 key 中。

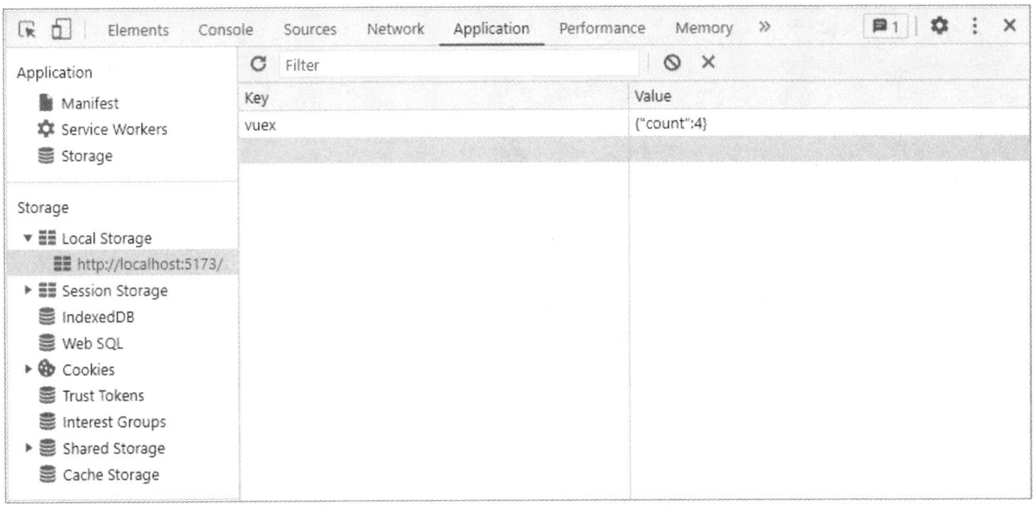

图 9.3　vuex-persistedstate 插件存储的数据源

默认情况下，数据会存储在 LocalStorage 中。如果要将数据存储在 sessionStorage 中，则需要进行如下配置：

```
import { createStore, Store } from 'vuex'
import createPersistedState from "vuex-persistedstate"
```

```
...
const store: Store<State> = createStore<State>({
...
plugins: [createPersistedState({
    storage: window.sessionStorage
  })]
})

export default store
```

9.3.2　使用浏览器插件调试 Vuex

在开发过程中，一般看不到 Vuex 中的数据，但是可以通过浏览器插件进行调试。这个插件就是 Vue.js devtools，它是 Vue 官方设计的一款方便 Vue 开发和调试的工具。

首先讲一下安装过程。可以打开 Chrome 应用商店或者下载安装包进行离线安装，如图 9.4 所示。

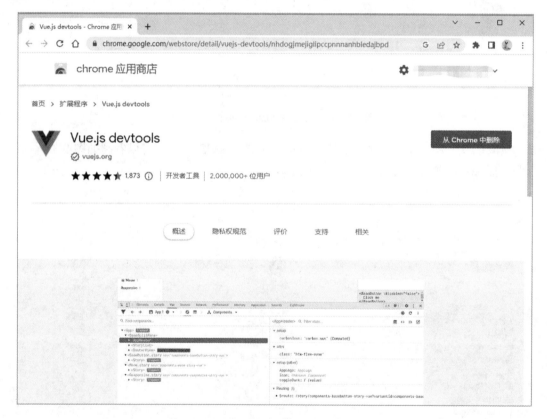

图 9.4　Chrome 应用商店的 Vue.js devtools

由于笔者已经安装过 Vue.js devtools 了，所以这里显示的是从 Chrome 中删除，单击添加到 Chrome 中即可。单击如图 9.5 右上角所示的按钮，可以看到 Vue.js devtools 就安装成功了。

此时可以在控制台选择 Vue 这一项查看 Vuex 的相关数据了，如图 9.6 所示。从图 9.6 中可以直接看到 state、getters 等数据。

图 9.5 Vue.js devtools 应用按钮

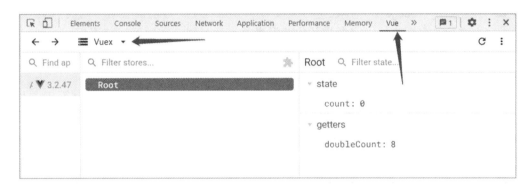

图 9.6 在 Vue.js devtools 中查看 Vuex 数据

除了 Vuex，在 Vue.js devtools 插件中还可以查看 Components 和 Router 等数据，功能十分强大，如图 9.7 所示。

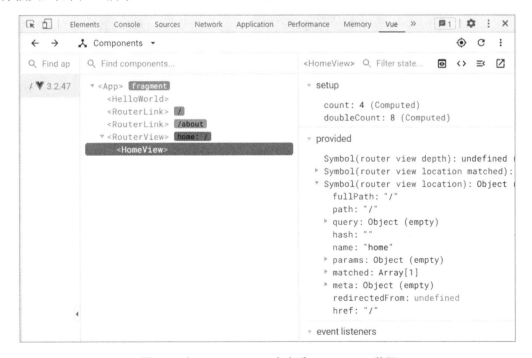

图 9.7 在 Vue.js devtools 中查看 Components 数据

从图 9.6 中可以看到 DOM 结构、path、query、params 等重要参数，一目了然。因此在开发 Vue 程序时，使用 Vue.js devtools 插件进行调试可以达到事半功倍的效果。

9.4　使用 NVM 管理 NPM 的版本

在做前端开发的时候经常会遇到 NPM、Node.js 版本的限制，有的项目需要使用不同版本的 NPM，有的项目需要使用其他版本的 Vuex、Vue Router，但与当前的 NPM 版本不兼容，此时就可以使用 Node Version Manager（NVM）工具来切换版本。笔者总结了 NVM 的几个优点。

- ❑ 管理多个 Node.js 版本：在进行 Vue 3 开发过程中，可能需要与不同的 Node.js 版本进行兼容性测试，或者与其他开发者共享项目时，需要确保使用相同的 Node.js 版本。NVM 允许在同一台计算机上安装和管理多个 Node.js 版本，方便切换使用。这样可以确保开发者的 Vue 3 项目在不同的 Node.js 环境下正常运行。
- ❑ 灵活性和可靠性：NVM 使得在开发过程中切换 Node.js 版本变得非常简单。开发者可以轻松地在不同的项目之间切换，或者根据特定项目的要求选择合适的 Node.js 版本。这为开发者提供了很大的灵活性，并可以确保开发环境与项目保持一致，从而提高可靠性。
- ❑ 安装和升级 Node.js：NVM 提供了一种简单的方式来安装和升级 Node.js 版本。开发者可以使用 NVM 命令行工具轻松安装新的 Node.js 版本，并在需要时升级已安装的版本。这样能够及时获取 Node.js 的最新功能和安全补丁，同时减少了手动安装和管理 Node.js 版本带来的麻烦。
- ❑ 兼容性和跨平台：NVM 在不同的操作系统上都可以使用，包括 Windows、Mac 和 Linux。这样能够在不同的开发环境中保持版本一致，并且在与其他开发者共享项目时避免潜在的兼容性问题。无论独自开发还是与团队合作，NVM 都能提供一致的开发环境。

总体来说，作为前端开发者，使用 NVM 可以帮助开发者更轻松地管理 Node.js 版本，并确保开发者的开发环境与项目要求保持一致。这样可以提高开发效率，减少潜在的兼容性问题，并使开发者能够充分利用 Node.js 的最新功能。

9.4.1　NVM 的安装方法

首先要找到下载地址。NVM 会在 GitHub 上发布自己最新的版本，链接是 https://github.com/coreybutler/nvm-windows/releases，通常选择最新版，根据自己的操作系统下载安装包，Windows 用户选择 nvm-setup.exe 即可，如图 9.8 所示。

NVM 的安装过程十分简单，勾选协议，选择安装目录，一直单击"确定"按钮即可。完成安装后，使用下列命令查看版本，检查是否安装成功：

```
nvm --version
```

命令执行效果如图 9.9 所示。

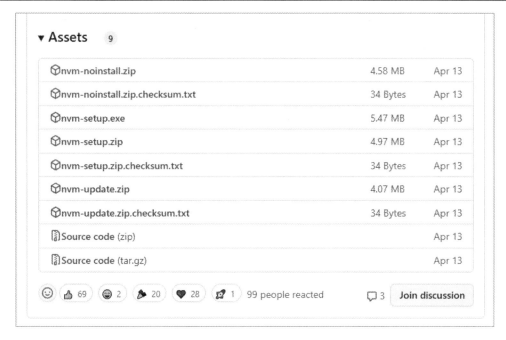

图 9.8　下载 NVM 安装包

图 9.9　查看 NVM 版本

9.4.2　NVM 的常用指令

NVM 提供了一系列的操作指令，笔者总结了 3 个常用的指令进行讲解。

（1）安装某个版本的 Node.js，如 14.16.0。

```
nvminstall 14.16.0
```

（2）查看已安装的所有 Node.js 版本。

```
nvmlist

// 显示结果
18.15.0
* 14.16.0 (Currently using 64-bit executable)
```

（3）选择使用某个 Node.js 版本。

```
nvmuse 18.15.0

// 显示结果
Now using node v18.15.0 (64-bit)
```

命令执行效果如图 9.10 所示。需要注意的是，在切换版本时系统会弹出提示框，单击"确定"按钮即可。

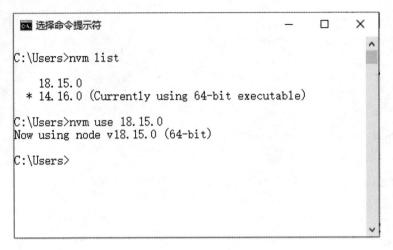

图 9.10　NVM 指令的使用

9.5　实战练习：使用 Vuex 处理登录信息

本节通过一个实战练习来进一步加深对 Vuex 的理解和应用。在这个练习中将会演示如何使用 Vuex 处理用户登录信息。通过本节的学习，读者可以了解如何在实际项目中结合 Vuex 进行状态管理，为开发更复杂的应用打下坚实的基础。

9.5.1　搭建项目

使用下列命令新建一个项目：

```
npmcreate vue@3
```

项目名称为 login-test，配置项勾选上 TypeScript 和 VueRouter。要使用 Vuex，还需要安装并引入 Vuex 库：

```
npm install vuex --save
```

在 src/store/目录下新建一个 index.ts 文件：

```
import { createStore } from 'vuex';

// 定义状态接口
interface State {
  isLoggedIn: boolean;                // 表示用户是否登录的状态
}

// 初始状态
const state: State = {
  isLoggedIn: false                   // 默认用户未登录
};
```

```
// 创建 Vuex store 对象
export default createStore({
  state,                              // 初始状态
  mutations: {
    // 定义 mutation，用于设置用户登录状态
    setLoggedIn(state: State, isLoggedIn: boolean) {
      state.isLoggedIn = isLoggedIn;
    },
  },
  actions: {},
  modules: {},
});
```

然后安装状态持久化插件：

```
npm install vuex-persistedstate --save
```

继续修改 store/index.ts 中的代码：

```
import { createStore, Store } from 'vuex'
import createPersistedState from "vuex-persistedstate"
...

const store: Store<State> = createStore<State>({
...
  plugins: [createPersistedState()]
})

export default store
```

输入以下指令安装 Element Plus：

```
npm install element-plus --save
```

然后修改 src/main.ts，引入 Element Plus 和 Vuex：

```
import { createApp } from 'vue'
import App from './App.vue'
import router from './router'
import ElementPlus from 'element-plus'
import 'element-plus/dist/index.css'
import './assets/main.css'
import store from './store'

const app = createApp(App)

app.use(router)
app.use(ElementPlus)
app.use(store)
app.mount('#app')
```

对于项目的基本配置如 Vuex 的 Store 构建、状态持久化的实现和 UI 框架的引入等就已经完成了。

9.5.2　制作登录弹窗

在 Components 的目录下新建一个 LoginModal.vue 并输入以下代码：

```
<template>
  <!-登录弹窗 -->
```

```html
<el-dialog title="登录" v-model="dialogVisible" :before-close="reset">
<el-form ref="formRef" :model="submitInfo" :rules="rules" label-width=
"80px">
<el-form-item label="账号" prop="username">
<el-input v-model="submitInfo.username"></el-input>
</el-form-item>
<el-form-item label="密码" prop="password">
<el-input v-model="submitInfo.password" type="password"></el-input>
</el-form-item>
<el-form-item>
<el-button @click="reset">取消</el-button>
<el-button type="primary" @click="login(formRef)">登录</el-button>
</el-form-item>
</el-form>
</el-dialog>
</template>

<script lang="ts">
import { defineComponent, ref, reactive } from 'vue'
import type { FormInstance, FormRules } from 'element-plus'
import { useStore } from 'vuex'
import { watch } from 'vue'

export default defineComponent({
  props: {
    visible: {
      type: Boolean,
      default: false,
    },
  },
  setup(props, { emit }) {
    // 状态和引用
    const dialogVisible = ref(props.visible)
    const formRef = ref<FormInstance>()
    const rules = reactive<FormRules>({
      username: [{ required: true, message: '请输入用户名', trigger: 'blur' }],
      password: [{ required: true, message: '请输入密码', trigger: 'blur' }],
    })
    const store = useStore()
    const submitInfo = reactive({
      username: '',
      password: '',
    })

    // 监听父组件传递的可见属性，用于同步弹窗的显示状态
    watch(
      () => props.visible,
      (newValue) => {
        dialogVisible.value = newValue
      }
    )

    // 重置表单和弹窗状态
    const reset = () => {
      submitInfo.username = ''
      submitInfo.password = ''
      dialogVisible.value = false
      emit('update:visible', false)
    }
```

```
    // 登录逻辑
    const login = async (formEl: FormInstance | undefined) => {
      if (!formEl) return
      await formEl.validate((valid, fields) => {
        if (valid) {
          dialogVisible.value = false
          emit('update:visible', false)
          store.commit('setLoggedIn', true)
          localStorage.setItem('username', submitInfo.username)
          localStorage.setItem('password', submitInfo.password)
        } else {
          console.log('error submit!', fields)
        }
      })
    }

    return {
      dialogVisible,
      rules,
      formRef,
      submitInfo,
      reset,
      login,
    }
  },
})
</script>
```

上面这段代码比较多,下面进行详细解析。

❑ 在模板部分定义了一个名为"登录"的对话框,通过 v-model 指令绑定 dialogVisible 变量来控制对话框的显示和隐藏。

❑ 对话框内部使用 el-form 组件创建一个表单,并使用 ref 指令创建了一个表单引用 formRef。

❑ 表单的底部有两个按钮,一个用于取消操作,另一个用于执行登录操作。单击"取消"按钮时会调用 reset 方法;单击"登录"按钮时会调用 login 方法并将 formRef 作为参数传递给该方法。

❑ 在 setup 函数中,使用 reactive 函数创建了一个响应式对象 rules,其中包含对账号和密码输入框的验证规则。

❑ watch 函数用于监听 props.visible 的变化,一旦 props.visible 的值发生变化,就将其赋值给 dialogVisible,从而同步控制对话框的显示和隐藏状态。

❑ reset 方法用于重置表单和对话框的状态,调用该方法将 submitInfo.username 和 submitInfo.password 清空,将 dialogVisible 设置为 false,通过 emit 函数触发一个名为 update:visible 的事件,并将 false 作为参数传递出去。

❑ login 方法是一个异步函数,用于执行登录操作。它首先检查 formEl 是否存在,如果不存在则返回。然后使用 formEl.validate 方法对表单进行验证,传入一个回调函数,当验证完成时会调用该回调函数。如果验证通过(valid 为 true),则隐藏对话框,更新 visible 属性,调用 store.commit 方法设置用户登录状态,并将用户名和密码保存在 localStorage 中,效果如图 9.11 所示。

图 9.11　登录必填项校验

　　总体来说这些内容都不算复杂，只是把之前学过的知识点都串联在一起了，因此内容比较长。

9.5.3　处理登录状态

　　修改 App.vue 的代码：

```
<template>
<header>
<!-- Vue Logo -->
<img alt="Vue logo" class="logo" src="@/assets/logo.svg" width="125"
height="125" />

<div class="wrapper">
<!-- 显示登录状态 -->
<HelloWorld :msg="'登录状态' + login" />

<!-- 登录按钮 -->
<el-button @click="showLoginModal" type="primary">登录</el-button>

<!-- 退出登录按钮 -->
<el-button @click="logout" type="danger">退出登录</el-button>

<!-- 导航链接 -->
<nav>
<RouterLink to="/">Home</RouterLink>
<RouterLink to="/about">About</RouterLink>
</nav>
</div>
</header>

<!-- 登录模态框 -->
<LoginModal v-model:visible="loginModalVisible" />
```

```
<!-- 路由视图 -->
<RouterView />
</template>

<script lang="ts">
import { RouterLink, RouterView } from 'vue-router'
import HelloWorld from './components/HelloWorld.vue'
import LoginModal from './components/LoginModal.vue'
import { defineComponent, ref, computed } from 'vue'
import { useStore } from 'vuex'

export default defineComponent({
  components: {
    HelloWorld,
    LoginModal,
  },
  setup() {
    // 使用 Vuex Store
    const store = useStore()

    // 响应式数据和计算属性
    const loginModalVisible = ref(false)
    const login = computed(() => store.state.isLoggedIn)

    // 显示登录模态框
    const showLoginModal = () => {
      loginModalVisible.value = true
    }

    // 退出登录
    const logout = () => {
      store.commit('setLoggedIn', false)
      localStorage.removeItem('username')
      localStorage.removeItem('password')
    }

    return {
      loginModalVisible,
      showLoginModal,
      login,
      logout,
    }
  },
})
</script>
<style>
...
</style>
```

下面还是详细解析代码。

❑ HelloWorld 组件接收一个动态的 msg 属性，这里通过计算属性 login 将登录状态和静态文本拼接起来作为 msg 传递给 HelloWorld 组件。

❑ 使用 ref 函数创建了一个名为 loginModalVisible 的响应式引用变量，用于控制登录模态框的显示和隐藏。

❑ 使用 computed 函数创建了一个计算属性 login，该属性用于获取 store 中的 isLoggedIn 状态。

    ❑ 定义了一个 showLoginModal 方法，当调用该方法时，将 loginModalVisible 的值设
       为 true，从而显示登录模态框。

    ❑ 定义了一个 logout 方法，当调用该方法时，通过 store.commit 方法将 isLoggedIn
       状态设为 false，并从 localStorage 中移除保存的用户名和密码。

登录成功后，首页的登录状态就会变成 true，如果单击“退出登录”按钮，则会变为
false，效果如图 9.12 所示。

图 9.12　登录成功后登录状态改变

打开控制台，查看用户名、密码和 Vuex 的保存状态，如图 9.13 所示。

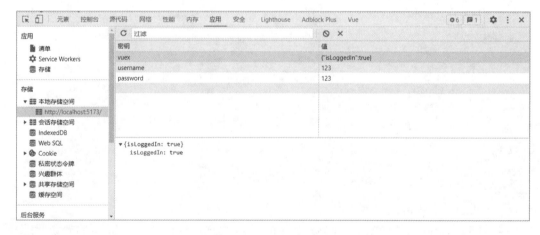

图 9.13　登录状态成功被保存

掌握了以上内容，就基本掌握 Vuex 的使用技巧了。如果项目报错或者有其他疑问，
可以下载示例代码进行参考。

9.6　小　　结

本章主要讲解了 Vuex 在 Vue 3 中的应用。首先学习了 Vuex 的基本用法，然后介绍了它的核心概念，包括 State、Getter、Mutation、Action 和 Module。通过对这些概念的了解，能够更好地管理和操作应用状态。

接下来介绍了一些使用 Vuex 的技巧，如状态持久化和使用浏览器插件调试 Vuex，这些技巧可以更有效地开发和调试基于 Vuex 的项目。此外，还介绍了使用 NVM 控制 Node.js 版本的方法。

在实战练习部分，演示了如何使用 Vuex 处理登录信息。通过搭建项目、制作登录弹窗和处理登录状态，实现了一个简单的用户登录功能。这个练习可以帮助读者更好地理解如何将 Vuex 应用到实际项目中。

通过本章内容的学习，读者可以熟练掌握 Vuex 在 Vue 3 项目中的应用，并能够在实际项目中灵活运用。

第 10 章 项目构建利器——Webpack

Webpack 是一个静态模块打包器（static module bundler），它的主要目标是通过将许多分散的模块（包括 JS、HTML、CSS 和图像等）打包成一个或多个优化的捆绑包（bundle），以提高开发效率和程序性能。Webpack 的历史可以追溯到 2012 年。Tobias Koppers 在观察到当时的构建工具如 Grunt 和 Gulp 无法有效地处理大型项目中的依赖管理问题后，开始开发 Webpack。Webpack 的设计目标是通过实现一个模块打包器来解决这个问题，这个打包器可以分析项目的依赖关系，并将所有资源整合到一起，从而实现最优的加载性能。

Webpack 的核心理念是"一切皆模块""加载按需"。"一切皆模块"的意思是 Webpack 可以处理任何类型的文件，不仅仅是 JavaScript，而是将所有文件视为模块。这使得开发者可以使用模块化的方式来编写代码，进而提高代码的组织性和可维护性。"加载按需"的意思是 Webpack 可以根据应用程序的运行情况只加载当前需要的模块，这有助于提高应用程序的性能。

Webpack 的使用广泛，它是许多现代前端框架如 Vue 和 React 等的首选构建工具，其强大的功能和灵活性使其成为前端开发的重要工具之一。

本章涉及的主要内容点如下：

❑ 认识 Webpack；
❑ Webpack 的主要概念；
❑ Webpack 的使用技巧；
❑ 配置 babel-loader；
❑ 使用 Webpack 配置 Vue 项目。

10.1 认识 Webpack

在现代前端开发中，我们常常使用如 React、Vue 等库和框架构建大型、复杂的应用。这些应用通常包括许多模块，如 JavaScript 文件、CSS 样式、HTML 模板、图像和其他资源。在处理这种复杂性时，Webpack 作为一个强大的工具，扮演着至关重要的角色。现在一起来认识一下 Webpack。

Webpack 的强大功能和灵活性，使得它成为 Vue 的首选构建工具。它可以处理 Vue 项目中的各种需求，如模块打包、代码拆分和懒加载、热模块替换、各种资源处理等。

Webpack 还与 Vue CLI 紧密集成，Vue CLI 是 Vue 的官方命令行工具，其内部使用了 Webpack 作为构建系统。使用 Vue CLI，开发者可以快速地创建和配置 Vue 项目，而无须手动配置 Webpack。

在前端开发中，Webpack 已经成为一个不可或缺的工具。它的强大功能和灵活性使其成为前端开发的重要工具之一。无论构建一个大型的单页应用还是小型的个人项目，Webpack 都能提供强大的帮助。如图 10.1 所示为 Webpack 的官网首页。

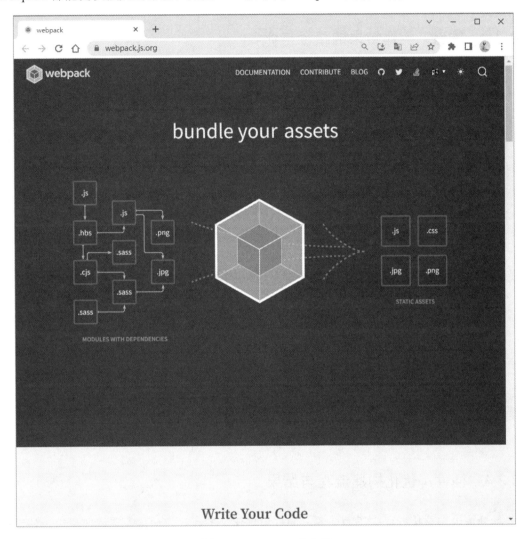

图 10.1　Webpack 的官网

10.2　Webpack 的主要概念

在学习 Webpack 如何工作以及如何最大限度地利用其强大功能之前，首先需要理解 Webpack 的一些基本概念。

10.2.1　入口：构建起点与模块依赖

入口点告诉 Webpack 应该从哪个文件开始构建其内部依赖图。默认情况下，Webpack

将使用./src/index.js 作为入口点，可以在 Webpack 配置文件中自定义这个设置：

```
module.exports = {
  entry: './path/to/my/entry/file.js',
};
```

10.2.2　输出：构建结果的路径与命名

输出配置告诉 Webpack 应该将打包后的代码存放在哪个文件中以及如何命名这个文件。默认情况下，主要的输出文件名为./dist/main.js。可以在 Webpack 配置中自定义这个设置：

```
const path = require('path');

module.exports = {
  output: {
    path: path.resolve(__dirname, 'dist'),
    filename: 'my-first-webpack.bundle.js',
  },
};
```

10.2.3　loader 加载器：处理各类资源转换

loader 加载器能够让 Webpack 理解并处理除 JavaScript 和 JSON 以外的其他类型的文件。可以使用加载器来处理.txt 文件：

```
module.exports = {
  module: {
    rules: [{ test: /\.txt$/, use: 'raw-loader' }],
  },
};
```

上述配置的含义是让 Webpack 在处理.txt 文件时，使用 raw-loader 进行处理。

10.2.4　插件：优化构建流程与结果

插件可以用来执行更广泛的任务，如打包优化、资源管理和注入环境变量等。使用插件时只需要使用 require 函数便可将其添加到 plugins 数组中：

```
const HtmlWebpackPlugin = require('html-webpack-plugin');

module.exports = {
  plugins: [new HtmlWebpackPlugin({ template: './src/index.html' })],
};
```

在上面的例子中，使用 html-webpack-plugin 生成了一个 HTML 文件，并自动将生成的所有 bundle（打包后的代码文件）注入此文件。

10.2.5　模式：指定构建环境与优化策略

Webpack 的 mode 参数 development、production 或 none 允许指定当前的构建环境，默认值是 production。例如：

```
module.exports = {
  mode: 'production',
};
```

10.2.6　浏览器的兼容性与运行环境要求

Webpack 支持所有符合 ES 5 标准的浏览器（不支持 IE 8 及以下版本）。因为 Webpack 的 import 和 require.ensure 函数需要 Promise（新版本中一种异步操作的方法），旧版本浏览器中使用新版本的表达式之前提前加载 polyfill（填补在旧版本浏览器中缺失的新版本代码）。

Webpack 当前的最新版本是 Webpack 5，它需要运行于 Node.js 10.13.0 以上的版本中。

10.3　Webpack 的使用技巧

本节主要介绍 Webpack 的使用技巧，这些技巧可以帮助读者更有效地使用 Webpack，优化前端资源，提高应用程序的性能。在实际中，结合这些技巧，可以根据项目需求进行相应的调整和重构。本节将介绍代码拆分、懒加载、缓存和 Tree Shaking 的使用技巧，通过这些技巧，可以优化代码，提升应用的性能。

10.3.1　代码拆分

在 Web 应用中，项目的代码通常会随着时间的推移而变得越来越大。如果将所有代码打包成一个文件，那么用户在首次访问网站时可能需要加载一个非常大的文件，从而导致加载时间过长。这就是需要进行代码拆分的原因。在 Webpack 中，可以通过以下几种方法来拆分代码。

1．入口起点（entry point）

使用 entry 配置手动分离代码，这是最简单、直观的分离代码的方式。可以为每个页面或功能创建一个新的入口，从而将不同的代码打包成不同的文件。例如，现在有如下项目结构：

```
webpack-demo
|- package.json
|- webpack.config.js
|- /src
  |- index.js
  |- another-module.js
```

在 another-module.js 文件中可能有如下代码：

```
import _ from 'lodash';
console.log(_.join(['Another', 'module', 'loaded!'], ' '));
```

可以在 webpack.config.js 文件中为每个 JS 文件创建一个入口：

```
const path = require('path');
```

```
module.exports = {
  mode: 'development',
  entry: {
    index: './src/index.js',
    another: './src/another-module.js',
  },
  output: {
    filename: '[name].bundle.js',
    path: path.resolve(__dirname, 'dist'),
  },
};
```

这样 Webpack 就会为每个入口生成一个 bundle 文件。这个方法很简单，也很好理解，但存在两个主要问题：

- 如果两个页面之间有公共的代码（如都用到了 lodash 这个库），那么这些代码会在每个 bundle 文件中都出现一次，导致代码重复。
- 在进行手动配置时，如果应用有很多页面，那么可能需要写很多入口，而且不能动态地拆分代码。

2．防止重复（prevent duplication）

使用 SplitChunksPlugin 去重和分离代码块。例如：

```
module.exports = {
  optimization: {
    splitChunks: {
      chunks: 'all',
    },
  },
};
```

上面这种配置可以将公共的依赖模块提取到已有的入口代码块中，或者提取到新生成的代码块中。

3．动态导入（dynamic imports）

通过模块中的内联函数调用来分离代码。例如：

```
import(/* webpackChunkName: "lodash" */ 'lodash').then(({ default: _ }) => {
  console.log(_.join(['Hello', 'webpack'], ' '));
});
```

这样做的好处是允许开发者按需加载或懒加载模块。

10.3.2　懒加载

懒加载也称为延迟加载，意味着延迟初始化对象，延迟计算值或者延迟加载文件。在 Webpack 中，可以通过动态导入实现懒加载。

```
// 普通导入
import { add } from './math';

console.log(add(16, 26));
```

```
// 懒加载
import(/* webpackChunkName: "math" */ './math').then(({ add }) => {
    console.log(add(16, 26));
});
```

懒加载这种方式对于大型应用程序来说可以显著提升性能。

10.3.3　缓存

缓存是另一种优化策略。Webpack 使用内容哈希，只有模块的内容更改时才会改变内容哈希，从而利用好浏览器的缓存机制，提高网站加载速度，减少服务器的负载。

```
module.exports = {
  output: {
    filename: '[name].[contenthash].js',
  },
};
```

10.3.4　Tree Shaking：消除无用代码

Tree Shaking 是一个术语，通常用于移除 JavaScript 上下文中的未引用代码。Webpack 的生产环境配置默认启用 Tree Shaking。

```
// math.js
export function square(x) {
  return x * x;
}

export function cube(x) {
  return x * x * x;
}

// app.js
import { square } from './math.js';

console.log(square(5));
```

在编译代码时，如示例代码中的 cube 函数就会被 Tree Shaking 移除，因为它没有被用到。

10.3.5　Module Federation：跨项目资源共享

一个应用程序可以由多个独立的架构组成，这些架构之间不应该存在依赖关系，因此可以单独开发和部署，这种架构就属于微前端的一种。

1．基本概念

跨项目资共享可以将模块分为本地模块和远程模块。本地模块是当前架构的一部分，而远程模块不属于当前架构，只是在运行时从容器中加载。

加载远程模块被视为异步操作。当使用远程模块时，这些异步操作将在下一个加载操作期间执行，该加载操作位于远程模块和入口之间的代码块中。如果没有加载操作，就无法使用远程模块。加载操作通常使用 import 函数进行调用，但也支持旧的语法，如 require.ensure 或 require([...])。

容器是由容器入口创建的，容器入口公开了对特定模块的异步访问。公开访问的过程可以分为两步：

（1）加载模块（异步的）。

（2）执行模块（同步的）。

第（1）步在代码块加载期间完成，而第（2）步在与其他模块（本地和远程）交错执行期间完成。这样，当模块从本地转换为远程或从远程转换为本地时，执行顺序不会受到影响。容器可以嵌套使用，并且容器可以使用来自其他容器的模块。容器之间也可以存在循环依赖关系。

2．高级概念

每个架构都可以充当容器，也可以将其他架构作为容器。通过这种方式，每个架构都可以通过从相应容器中加载模块来访问其他容器公开的模块。共享模块指既可以被重写，又可以向嵌套容器提供重写版本的模块，通常指每个架构中的相同模块，如相同的库。

packageName 选项允许通过设置包名来查找所需的版本。默认情况下，它会自动推断模块请求。如果要禁用自动推断功能，请将 requiredVersion 设置为 false。

10.4　配置 babel-loader

babel 是一个将最新版本的 JavaScript 代码转换为向后兼容的旧版本的 JavaScript 代码的工具。由于浏览器支持的 JavaScript 版本有限，所以使用 babel 可以确保代码在旧版本的浏览器中也能正常运行。

通过使用 babel-loader，Webpack 能够将项目中的 JavaScript 文件传递给 babel 进行处理。babel 会分析代码并将其中的新特性转换为兼容的旧版本，最终输出可以在目标环境中运行的 JavaScript 代码。这样，开发者就可以放心使用最新的 JavaScript 语法，而不必担心兼容性问题。

10.4.1　安装与使用 babel-loader

如果要使用 babel-loader，则需要先执行以下命令进行安装：

```
npm install -D babel-loader @babel/core @babel/preset-env webpack
```

如果要配置 babel-loader，则需要在 Webpack 配置文件中指定相应的规则（rules）。这些规则会告诉 Webpack 在处理特定类型的文件时使用哪些加载器，其中就包括将 JavaScript 文件传递给 babel 进行转换的规则。

例如，一个简单的 Webpack 配置示例有可能包含以下相关配置：

```
module.exports = {
    ...                                          //其他配置
```

```
module: {
  rules: [
    {
      test: /\.js$/,                      // 匹配所有 JavaScript 文件
      exclude: /node_modules/,            // 排除 node_modules 目录
      use: {
        loader: 'babel-loader',           // 使用 babel-loader 处理这些文件
        options: {
          // 可以在这里设置 babel 的配置选项
        }
      }
    }
  ]
}
};
```

上述配置告诉 Webpack 在处理所有以.js 为扩展名的文件时，使用 babel-loader 进行转换。通过配置选项，还可以向 babel 传递其他配置信息，如需要使用的 babel 插件、配置参数等。

可以使用 options 属性向 loader 传递选项，示例如下：

```
module: {
  rules: [
    {
      test: /\.m?js$/,
      exclude: /(node_modules|bower_components)/,
      use: {
        loader: 'babel-loader',
        options: {
          presets: ['@babel/preset-env'],
          plugins: ['@babel/plugin-proposal-object-rest-spread']
        }
      }
    }
  ]
}
```

babel-loader 插件还支持以下 loader 特有的选项：

❑ cacheDirectory：默认值为 false。当将其设置为 true 时，在后续的 Webpack 构建中会尝试读取缓存，以避免多余的性能消耗。可以把 loader 设置为空值(loader: 'babel-loader?cacheDirectory')或为 true(loader: 'babel-loader?cacheDirectory=true')，此时 loader 将使用默认的缓存目录 node_modules/.cache/babel-loader。如果在任何根目录下都没有找到 node_modules 目录，则会回退到操作系统默认的临时文件目录下。

❑ cacheIdentifier：默认是由@babel/core 版本号、babel-loader 版本号、.babelrc 文件内容（如果存在的话）、环境变量 BABEL_ENV 的值（如果不存在则降级回退到 NODE_ENV）组成的一个字符串。可以将其设置为自定义的值，在 identifier 改变后，强制使缓存失效。

❑ cacheCompression：默认值为 true。当将其设置为 true 时，使用 Gzip 压缩每个 babel-transform 的输出，将文件进行压缩。如果想禁用缓存压缩，可以将其设置为 false。

❑ customize：默认值为 null，用于指定一个导出 custom 回调函数的模块路径，如传

入.custom()的 callback 函数。如果需要使用该选项，则必须创建一个新文件，但建议改为使用.custom 来创建一个封装加载器。在必须继续直接使用 babel-loader 但又想自定义的情况下，才使用这项配置。

10.4.2　自定义 loader

babel-loader 提供了一个 loader-builder 工具函数，允许用户为每个经过 babel 处理的文件添加自定义处理选项。custom 函数用于接收回调，它将调用传入 loader 的 babel 实例，这确保了 loader-builder 工具函数能够使用与@babel/core 相同的实例。

如果不想直接调用.custom，可以向 customize 选项传入一个字符串，此字符串指向一个导出 custom 回调函数的文件。以下是一个简单的示例：

```
// 从 "./my-custom-loader.js" 中导出，或者从任何想要的文件中导出。
module.exports = require("babel-loader").custom(babel => {
  function myPlugin() {
    return {
      visitor: {},
    };
  }

  return {
    // 传给 loader 的选项
    customOptions({ opt1, opt2, ...loader }) {
      return {
        // 获取 loader 可能会有的自定义选项
        custom: { opt1, opt2 },

        // 传入"移除了两个自定义选项"后的选项
        loader,
      };
    },

    // 提供 babel 的 'PartialConfig' 对象
    config(cfg) {
      if (cfg.hasFilesystemConfig()) {
        // 使用正常的配置
        return cfg.options;
      }

      return {
        ...cfg.options,
        plugins: [
          ...(cfg.options.plugins || []),

          // 在选项中包含自定义 plugin
          myPlugin,
        ],
      };
    },

    result(result) {
      return {
```

```
        ...result,
        code: result.code + "\n// 自定义 loader 生成",
      };
    },
  };
});
```

然后在 Webpack config 文件中添加以下内容：

```
module.exports = {
  ...
  module: {
    rules: [{
      ...
      loader: path.join(__dirname, 'my-custom-loader.js'),
      ...
    }]
  }
};
```

下面分析传给 loader 的选项：

❑ customOptions(options: Object)：该函数接收一个 options 对象，从 babel-loader 的选项中分离出自定义选项，返回一个包含 custom 和 loader 两个属性的对象。

❑ config(cfg: PartialConfig)：该函数接收一个指定的 babel 的 PartialConfig 对象，返回一个应该被传递给 babel.transform 的 option 对象。

❑ result(result: Result)：该函数接收一个指定的 babel 结果对象，允许 loaders 对它进行额外的调整。

10.4.3　注意事项

在日常使用中，不当的操作可能会导致一些预料外的结果，这里参考官方文档，给出一些常见问题的处理方案。

1．babel-loader运行缓慢

尽可能减少转译的文件。例如要排除 node_modules 或者其他不需要的源代码，可以使用参考文档中 loaders 配置的 exclude 选项。

也可以使用 cacheDirectory 选项，将 babel-loader 至少提速两倍，这会将转译的结果缓存到文件系统中。可以通过设置 NODE_ENV 环境变量来切换开发模式或生产模式。

2．babel的Node.js API已经被转移到babel-core中

如果收到 babel 的 Node.js API 已经被转移到 babel-core 中这条信息，则说明已经安装了旧地版本的 babelnpm package，并且在 Webpack 配置中使用 loader 简写方式（在 Webpack 2.x 版本中不再支持这种方式）：

```
{
  test: /\.m?js$/,
  loader: 'babel',
}
```

Webpack 将尝试读取 babelpackage 而不是 babel-loader。

想要修复这个问题，需要卸载 babelnpm package，因为它在 babel v6 中已经被废除。如果有其他代码引用了 babel 导致无法删除卸载，则可以在 Webpack 配置中使用完整的 loader 名称来解决：

```
{
  test: /\.m?js$/,
  loader: 'babel-loader',
}
```

3. 排除不应参与转码的库

core-js 和 webpack/buildin 如果被 babel 转码则会发生错误，需要在 babel-loader 中排除它们：

```
{
  "loader": "babel-loader",
  "options": {
    "exclude": [
      // \\ for Windows, \/ for Mac OS and Linux
      /node_modules[\\\/]core-js/,
      /node_modules[\\\/]webpack[\\\/]buildin/,
    ],
    "presets": [
      "@babel/preset-env"
    ]
  }
}
```

10.5　使用 Webpack 配置 Vue 项目

本节将学习如何使用 Webpack 配置一个 Vue 项目。从初始化项目开始，然后配置 Loader 和 Plugin，接着设置环境变量和模式，最后实现代码拆分和懒加载。

10.5.1　初始化项目

首先需要创建一个新的项目文件夹，并在其中初始化一个新的 NPM 项目。打开终端，执行以下命令：

```
mkdir vue-webpack-project
cd vue-webpack-project
npm init -y
```

接下来安装 Vue 和 Webpack 相关的依赖。执行以下命令：

```
npm install vue webpack webpack-cli --save-dev
```

命令运行效果如图 10.2 所示。

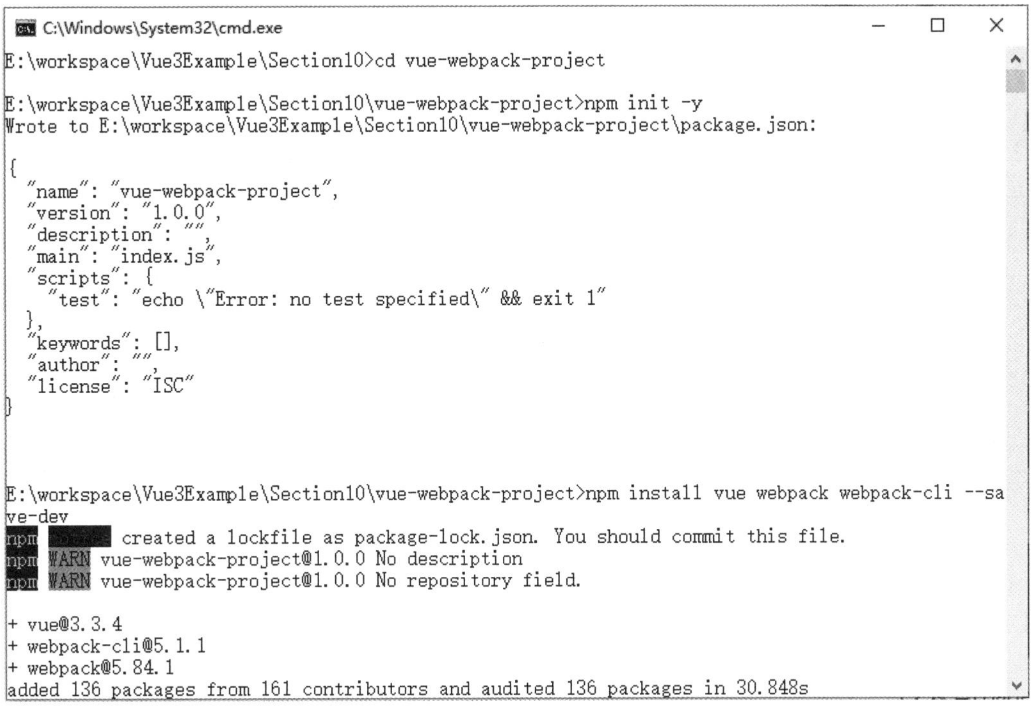

图 10.2 使用命令行搭建 Webpack 项目

10.5.2 配置 loader 和 plugin

在项目根目录下创建一个名为 webpack.config.js 的文件，这是 Webpack 配置文件。首先需要引入 Webpack 和 VueLoaderPlugin：

```
const VueLoaderPlugin = require('vue-loader/lib/plugin');
const path = require('path');

module.exports = {
  ...
};
```

接下来配置 loader 和 plugin。在 module.exports 对象中添加以下内容：

```
module.exports = {
  module: {
    rules: [
      {
        test: /\.vue$/,
        loader: 'vue-loader'
      },
      {
        test: /\.js$/,
        loader: 'babel-loader'
      },
      {
        test: /\.css$/,
        use: [
```

```
        'vue-style-loader',
        'css-loader'
      ]
    }
  ]
},
plugins: [
  new VueLoaderPlugin()
],
resolve: {
  alias: {
    'vue$': 'vue/dist/vue.esm.js'
  },
  extensions: ['*', '.js', '.vue', '.json']
},
...
};
```

以上示例配置了.vue、.js 和.css 文件的处理方式，并添加了 VueLoaderPlugin。

10.5.3　设置环境变量和模式

为了区分开发模式和生产环境，需要设置环境变量和模式。在 webpack.config.js 中添加以下内容：

```
const isProduction = process.env.NODE_ENV === 'production';

module.exports = {
  mode: isProduction ? 'production' : 'development',
  // ...
};
```

通过设置 NODE_ENV 环境变量来切换开发模式和生产模式，development 是开发模式，production 是生产模式。

10.5.4　实现代码拆分和懒加载

为了优化项目性能，可以使用代码拆分和懒加载。在 webpack.config.js 中添加以下内容：

```
module.exports = {
  optimization: {
    splitChunks: {
      chunks: 'all'
    }
  },
  ...
};
```

通过上面的设置将启用 Webpack 的代码拆分功能。接下来需要在 Vue 组件中实现懒加载。在 Vue 组件中使用 import 函数实现懒加载：

```
const MyComponent = () => import('./MyComponent.vue');
```

这样 MyComponent 将在需要时才被加载，从而实现懒加载。至此就完成了使用 Webpack 配置 Vue 项目的所有步骤。

10.5.5 使用 vue.config.js 管理 Webpack

前面所学的配置方式都可以在 vue.config.js 中实现。vue.config.js 中的 configureWebpack 选项提供了一个对象，把前面所学的内容直接写在这个对象中可以实现同样的效果，而且更方便也不需要新建文件。示例如下：

```
// vue.config.js
module.exports = {
  configureWebpack: {
    plugins: [
      new MyAwesomeWebpackPlugin()
    ]
  }
}
```

configureWebpack 对象将会被 webpack-merge 合并入最终的 webpack 配置。需要注意的是，有些 Webpack 选项是基于 vue.config.js 中的值设置的，因此不能直接修改。例如：

❏ 应该修改 vue.config.js 中的 outputDir 选项，而不是修改 output.path。

❏ 应该修改 vue.config.js 中的 publicPath 选项，而不是修改 output.publicPath。

这样做的原因是，vue.config.js 中的值会被用于配置的多个地方，以确保所有部分能够正常协同工作。如果想根据环境的条件来配置行为，或者想直接修改配置，那么可以使用一个函数来替代。这个函数将在环境变量被设置后延迟执行。该函数的第一个参数将接收已解析的配置。在函数内部可以直接修改配置或者返回一个将会被合并的对象：

```
// vue.config.js
module.exports = {
  configureWebpack: config => {
    if (process.env.NODE_ENV === 'production') {
      // 为生产环境修改配置
      ...
    } else {
      // 为开发环境修改配置
      ...
    }
  }
}
```

10.6 小   结

本章首先对 Webpack 进行了介绍，然后详细解释了 Webpack 的主要概念。接下来介绍了一些 Webpack 使用的技巧，这些技巧包括代码拆分、懒加载、缓存和 Tree Shaking。通过代码拆分，可以将应用程序拆分成多个块，按需加载，提高页面加载速度；懒加载则允许延迟加载某些模块，以提升用户体验；缓存技巧可以减少资源的重复加载，从而提高程序的性能；而 Tree Shaking 则是一种优化技术，通过静态代码分析，去除未使用的代码，减小打包文件。

最后介绍了如何使用 Webpack 配置 Vue 项目，还介绍了如何实现代码拆分和懒加载，以优化 Vue 项目的性能。

通过本章的学习，读者可以了解 Webpack 的基本概念和使用技巧，了解如何配置和优化 Vue 项目。这些知识对于 Web 开发非常重要，能够帮助开发者提升项目的性能和开发效率。

第 11 章　搭建后台模拟环境

所有完整的应用都必须与后端服务进行数据交互。本章将介绍如何使用 Postman 等工具来优化开发流程。为了帮助读者对后端知识的理解，本章尽可能采用简单的方式进行演示，这也是选择使用 json-server 模拟后端服务的原因。

本章涉及的主要内容点如下：

- ❏ 前后端分离；
- ❏ Postman 的安装与使用；
- ❏ json-server 的安装与使用；
- ❏ 实战练习：使用 json-server 实现增、删、改、查操作。

11.1　前后端分离

除了一些工具类的单机应用外，大多数的完整应用都必须与后端进行交互。这就引出了一个重要概念——前后端分离。

过去，开发人员需要同时处理前端和后端，这样导致前后端开发人员职责不明确，并且开发人员学习的知识面过广，使他们无法专注于某一个领域。由此，前后端分离的概念应运而生，这使得不同的开发人员可以专注于他们的特定任务。如图 11.1 所示，前端负责视图和控制器层，完成页面展示等任务，而后端则负责模型层，包括业务处理和数据等。

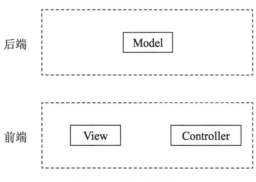

图 11.1　前后端分离

由于前后端的分离，所以初级的前端工程师一般对后端知识接触的不多。本章选择 json-server 来模拟后端数据。

11.2　Postman 的安装与使用

通过调用后端服务器提供的 RESTfull 风格的 API，可以使前端开发人员开发的网页应用与后端服务器进行交互。为了测试和验证后端服务器 API 的有效性，需要使用像 Postman 这样的浏览器插件工具。

Postman 是一款旨在帮助开发人员更快速开发 API 的工具。具体来说，Postman 允许用户发送任何类型的 HTTP 请求，包括在 RESTfull API 中使用的 GET、POST、HEAD、PUT 和 DELETE 等，并且开发人员可以方便地自定义参数和 HTTP 头（Headers）。此外，Postman 的输出是自动按照语法格式高亮显示并给出语法解析结果的，目前它支持的常见语法包括 HTML、JSON 和 XML。

11.2.1　Postman 的安装

安装 Postman 需要先登录到它的官方网站，网址为 https://www.getpostman.com，找到安装入口，如图 11.2 所示。

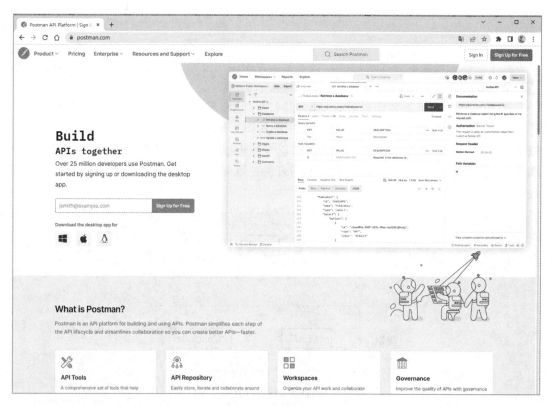

图 11.2　Postman 的官方网站

然后直接单击 Download the desktop app for 下面的按钮（根据自己的开发环境所使用的操作系统进行选择）进入下载页面，如图 11.3 所示。

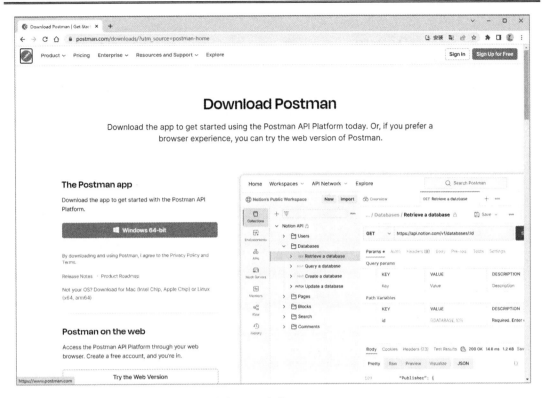

图 11.3 安装 Postman

作为开发人员，打开 Postman 后，可以根据页面上的元素找到输入 HTTP 请求 URL 的输入框尝试一下，效果如图 11.4 所示。

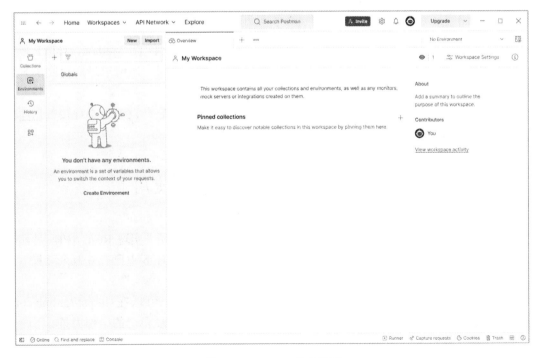

图 11.4 Postman 启动界面

11.2.2　Postman 的使用

作为简单示例，这里给读者推荐一个 JSON 测试网站，用该网站提供的免费 API 进行测试，网址为 http://jsonplaceholder.typicode.com/comments?postId=1，如图 11.5 所示。

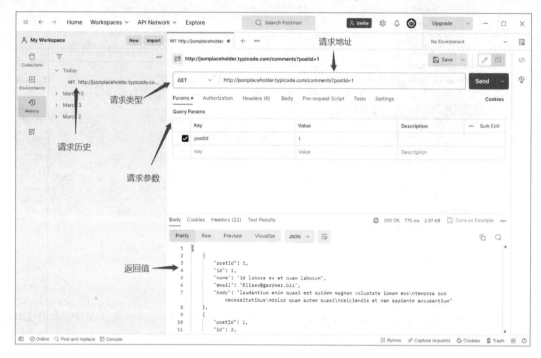

图 11.5　Postman 返回的 JSON 对象

对于需要经常使用的一些定制 HTTP 请求的配置选项，如 HTTP Method、HTTP 参数和验证方式，请参见图 11.5 中的标注。从图 11.5 中可以看到，该请求最后返回了来自 jsonplaceholder 的参数。

确认 Postman 能正常工作后，将会安装 json-server 并使用它开发一个不连接数据库的简单数据维护 API，然后使用 Postman 来测试这个 API。

11.3　json-server 的安装与使用

json-server 是一个开源的框架，可以在不写一句代码的情况下实现 Rest API，是前端开发人员模拟后端服务的优秀工具之一。json-server 框架在 GitHub 中已有 6 万余颗星，可以说是相当受欢迎的，如图 11.6 所示。

如果在使用 json-server 的过程中有什么问题或者建议，可以在 https://github.com/typicode/json-server 上发起 Issue 和 Pull Request，为开源事业贡献自己的一份力量。下面开始讲解如何安装和使用 json-server。

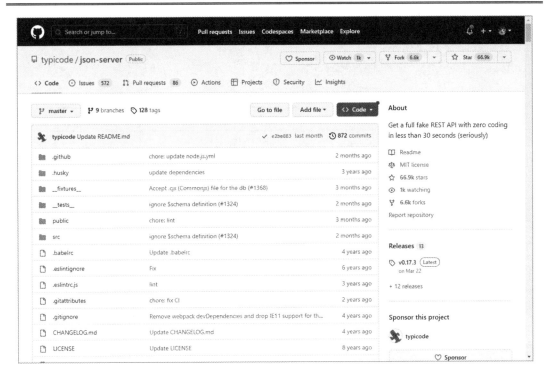

图 11.6　json-server 文档

11.3.1　json-server 的安装与配置

安装方式依然是通过命令行进行安装，输入以下代码进行 json-server 的安装。如果安装失败，Windows 用户可以使用管理员身份打开命令行，Mac 用户加上 sudo，效果如图 11.7 所示。

```
npm install -g json-server
```

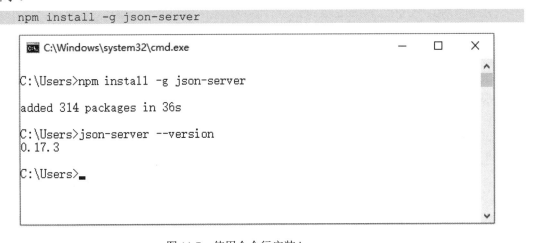

图 11.7　使用命令行安装 json-server

安装成功后，需要对 json-server 的配置参数进行详细了解。作为一个模拟 Rest API 的工具，了解配置参数有助于更加高效地使用这个工具，否则只使用默认配置的话，很可能有一些方便的属性不能使用。

json-server 的参数使用方式很简单，在命令行按照以下格式输入参数即可。json-server 全配置参数如表 11.1 所示。

```
json-server [options] <source>
```

表 11.1　json-server的全配置参数

参　　数	简　　称	说　　明	默认值
--config	-c	指定配置文件	json-server.json
--port	-p	设置端口	3000
--host	-H	设置域	0.0.0.0
--watch	-w	是否监听	false
--routes	-r	指定自定义路由	
--middlewares	-m	指定中间件文件路径	
--static	-s	设置静态文件目录	
--read-only	--ro	是否只读（只用GET)	false
--no-cors	--nc	是否禁用跨域	false
--no-gzip	--ng	是否禁用GZIP内容编码	false
--snapshots	-S	设置预览目录	.
--delay	-d	设置请求延迟时间	0
--id	-i	设置数据库的ID属性	id
--foreignKeySuffix	--fks	设置外键后缀	
--quiet	-q	禁止输出日志	false
--help	-h	查看帮助信息	
--version	-v	查看版本号	

接下来对其中几个常用的配置参数进行测试。现在启动第一个程序，首先找一个目录，输入以下指令，效果如图 11.8 所示。

```
json-server data.json
```

域名默认为 3000，如果开始运行的时候发现这个端口被占用了想换一个自定义的端口，那么输入以下代码即可实现。

```
json-server --port 8100 data.json
```

再举一个例子，在使用 json-server 的过程中，对源文件 data.json 进行修改后，它不会立即生效，需要重启才可以生效。如果在启动指令中加上监听参数，json-server 就会监听文件，当文件内容发生变化时，json-server 会自动重新加载，这时就能请求到最新的接口内容。输入以下代码即可实现监听功能。

```
json-server --watch --port 8100 data.json
```

可以看到，这次输入的配置参数是直接在--port 的前面增加了--watch 参数。由此可以看出，如果想一次加载多个配置参数，只需要在配置参数之间增加一个空格分隔即可。

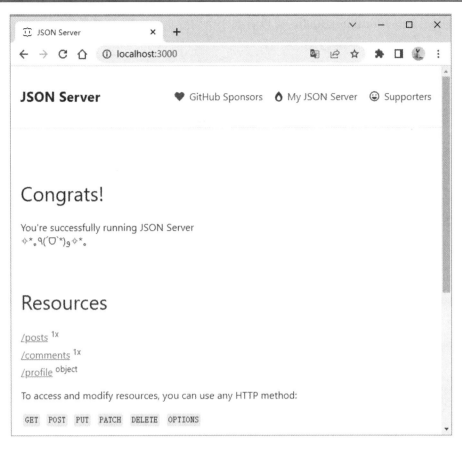

图 11.8　运行第一个 json-server 服务

11.3.2　json-server 的基本用法

本节首先快速实现一个最简单的程序，然后一步步讲它是如何实现的。在命令行执行以下命令：

```
json-server data.json
```

如果在命令行中输出了以下内容，则说明程序运行成功了。

```
\{^_^}/ hi!

Loading data.json
Done

Resources
http://localhost:3000/posts
http://localhost:3000/comments
http://localhost:3000/profile

Home
http://localhost:3000

Type s + enter at any time to create a snapshot of the database
Watching...
```

首先打开 http://localhost:3000，可以看到一个引导页，如图 11.9 所示。

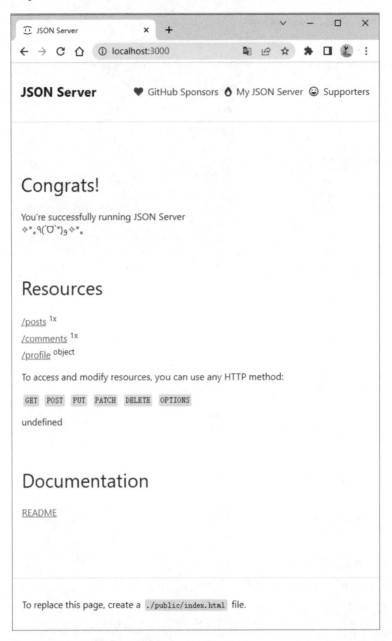

图 11.9　json-server 引导页

现在来分析这个页面的内容。顶部是 JSON Server 的名称，下面是祝贺成功运行的信息。在 Resources 部分有一些默认的请求，单击上面的/posts、/comments、/profile 链接可以看到对应的数据。1x 说明这个数据是数组类型，里面有一个元素。object 说明这个数据是一个对象类型。在 Documentation 部分放上了官方说明文档的地址。最下方的一行英文表示可以创建一个 index.html 来替换这个页面。

接下来使用 Postman 测试生成的接口是否可以正常使用。打开 Postman 并输入 http://localhost:3000/posts，单击 Send 按钮查看结果，如图 11.10 所示。

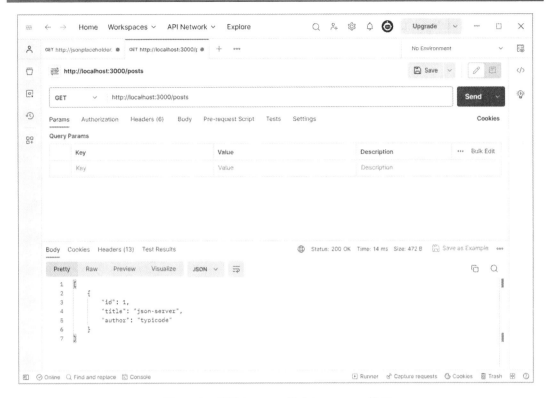

图 11.10　使用 Postman 请求 json-server 接口

可以看到，现在已经可以通过 Postman 调用接口了，这说明使用网页也可以调用这个接口了。但是现在只能查询，还不能在实战项目中使用，至少要实现增、删、改、查功能。下面通过一个实战练习，全面掌握 json-server 实现增、删、改、查的方法。

11.4　实战练习：使用 json-server 实现
增、删、改、查操作

相较于长篇幅的文档，使用实例的方式更容易掌握知识点，对于工具类的学习更是如此。本节将使用 json-server 实现对数据的增、删、改、查操作，并和网页应用进行调用，构建出一个小而全的应用。

11.4.1　建立与配置项目

先使用下列命令新建一个项目：

```
npm create vue@3
```

项目名称为 RouterDemo，配置项仅勾选 TypeScript。

输入以下指令安装 Axios 和 element Plus：

```
npm install axios -save
npm install element-plus --save
```

然后修改 src/main.ts，引入 Element Plus：

```
import { createApp } from 'vue'
import App from './App.vue'
import router from './router'
import ElementPlus from 'element-plus'
import 'element-plus/dist/index.css'
import './assets/main.css'

const app = createApp(App)

app.use(router)
app.use(ElementPlus)
app.mount('#app')
```

接下来编写一个 data.json 文件并用命令将其启动：

```
// data.json
{
  "users": [
    {
      "id": 1,
      "name": "张三",
      "age": 17,
      "address": "北京市朝阳区"
    },
    {
      "id": 2,
      "name": "李四",
      "age": 21,
      "address": "天津市西青区"
    }
  ]
}

// 执行命令
json-server data.json
```

至此，对于项目的基本配置如项目创建、引入 UI 框架和数据源实现已经完成了。

11.4.2　查询与删除数据

本项目要演示的部分包括增、删、改、查 4 个模块，本节实现查询和删除相关的内容。在 src/views/ 目录下新建 UserTable.vue 文件并修改 App.vue：

```
<template>
  <div id="app">
    <user-table></user-table>
  </div>
</template>

<script lang="ts">
import { defineComponent } from 'vue';
import UserTable from './views/UserTable.vue';

export default defineComponent({
  components: {
```

```
    UserTable
  }
});
</script>
```

现在项目还不能运行，接下来完成 UserInfo.vue：

```
<template>
  <div>
    <!-- 表格 -->
    <el-table :data="users" border style="width: 100%">
      <el-table-column prop="id" label="ID" align="center" width="50">
</el-table-column>
      <el-table-column prop="name" label="姓名" width="80"></el-table-
column>
      <el-table-column prop="age" label="年龄" width="80"></el-table-
column>
      <el-table-column prop="address" label="地址" width="180"></el-table-
column>
      <el-table-column label="操作" width="180">
        <template #default="{ row }">
          <!-- 删除按钮 -->
          <el-button type="danger" @click="deleteUser(row)">删除</el-button>
          <!-- 编辑按钮 -->
          <el-button type="primary" @click="showEditDialog(row)">编辑
</el-button>
        </template>
      </el-table-column>
    </el-table>

    <!-- 删除确认对话框 -->
    <el-dialog title="删除用户" v-model="deleteDialogVisible">
      <p>确定要删除该用户吗？</p>
      <span slot="footer" class="dialog-footer">
        <!-- 取消按钮 -->
        <el-button @click="deleteDialogVisible = false">取消</el-button>
        <!-- 确定按钮 -->
        <el-button type="danger" @click="confirmDeleteUser">确定</el-button>
      </span>
    </el-dialog>
  </div>
</template>

<script lang="ts">
import { ElMessage } from 'element-plus'
import { defineComponent, ref } from 'vue';
import axios from 'axios';

interface User {
  id: number;
  name: string;
  age: number;
  address: string;
}

interface EditForm {
```

```
  id: number | null;
  name: string;
  age: number | null;
  address: string;
}

export default defineComponent({
  setup() {
    // 使用 ref 创建响应式数据
    const users = ref<User[]>([]);
    const deleteDialogVisible = ref(false);
    const userToDelete = ref<User | null>(null);

    // 发送 GET 请求获取用户列表
    const fetchUsers = async () => {
      const response = await axios.get<User[]>('http://localhost:3000/
users');
      users.value = response.data;
    };

    // 删除用户的操作
    const deleteUser = (user: User) => {
      deleteDialogVisible.value = true;
      userToDelete.value = user;
    };

    // 确认删除用户的操作
    const confirmDeleteUser = async () => {
      if (userToDelete.value) {
        await axios.delete(`http://localhost:3000/users/${userToDelete.
value.id}`);
        users.value = users.value.filter(u => u.id !== userToDelete.
value.id);
      }
      deleteDialogVisible.value = false;
    };

    // 在组件创建时调用获取用户列表的方法
    fetchUsers();

    return {
      users,
      deleteUser,
      deleteDialogVisible,
      confirmDeleteUser
    };
  }
});
</script>

<style scoped>
.form-div {
  margin-top: 16px;
}
</style>
```

在 data.json 中修改和添加一些模拟数据，效果如图 11.11 和图 11.12 所示。

图 11.11　查询与删除数据

图 11.12　删除数据成功

代码分析如下：

1）数据查询

❑ 在用户管理页面中，使用 el-table 组件展示用户信息的表格。

❑ 通过发送 HTTP 请求从服务器中获取用户列表，并将返回的数据绑定到 users 数组上。

❑ 用户信息以表格的形式展示，包括 ID、姓名、年龄和地址。

❑ 用户列表会在页面加载时自动显示。

2）数据删除

❑ 在每个用户信息行的操作列中，提供了"删除"按钮。

❑ 单击"删除"按钮会弹出删除确认对话框，确认是否删除该用户。

❑ 在确认删除对话框中，单击"确定"按钮后会将删除请求发送给服务器，服务器将删除该用户。

❑ 用户信息删除成功后，从用户列表中移除被删除的用户并更新页面显示。

11.4.3　新增与编辑数据

在 11.4.2 节中，已知查询和删除的 HTTP 分别为 GET 和 DELETE，那么新增和编辑就不难猜了，它们对应的方法分别是 POST 和 PUT，增、删、改、查正好对应常用的 4 个请求方法。

接下来继续编写 UserTable.vue，实现数据新增与编辑功能。

```html
<template>
  <div>
    ...
    <!-- 添加用户表单 -->
    <el-form class="form-div" :model="form" label-width="80px">
      <el-form-item label="姓名">
        <el-input v-model="form.name"></el-input>
      </el-form-item>
      <el-form-item label="年龄">
        <el-input-number v-model="form.age"></el-input-number>
      </el-form-item>
      <el-form-item label="地址">
        <el-input v-model="form.address"></el-input>
      </el-form-item>
      <el-form-item>
        <el-button type="primary" @click="addUser">添加</el-button>
      </el-form-item>
    </el-form>

    <!-- 编辑用户对话框 -->
    <el-dialog title="编辑用户" v-model="editDialogVisible">
      <el-form :model="editForm" label-width="80px">
        <el-form-item label="姓名">
          <el-input v-model="editForm.name"></el-input>
        </el-form-item>
        <el-form-item label="年龄">
          <el-input-number v-model="editForm.age"></el-input-number>
        </el-form-item>
        <el-form-item label="地址">
          <el-input v-model="editForm.address"></el-input>
        </el-form-item>
      </el-form>
      <span slot="footer" class="dialog-footer">
        <el-button @click="editDialogVisible = false">取消</el-button>
        <el-button type="primary" @click="updateUser">确定</el-button>
      </span>
    </el-dialog>
  </div>
</template>

<script lang="ts">
...
  // 表单数据和验证逻辑
  const form = ref<EditForm>({
    id: null,
    name: '',
    age: null,
    address: ''
```

```
    });
    const isFormValid = (form: EditForm) => {
      return form.name.trim() !== '' && form.age !== null && form.address.
trim() !== '';
    };
// 添加新用户
    const addUser = async () => {
      if (!isFormValid(form.value)) {
        ElMessage.error('请填写完整');
        return;
      }
      const response = await axios.post<User>('http://localhost:3000/users',
form.value);
      users.value.push(response.data);
      form.value = {
        id: null,
        name: '',
        age: null,
        address: ''
      };
    };

    // 修改用户
    const editDialogVisible = ref(false);
    const editForm = ref<EditForm>({
      id: null,
      name: '',
      age: null,
      address: ''
    });
    // 弹窗
    const showEditDialog = (user: User) => {
      editDialogVisible.value = true;
      editForm.value = { ...user };
    };

    // 更新用户
    const updateUser = async () => {
      if (!isFormValid(editForm.value)) {
        ElMessage.error('请填写完整');
        return;
      }
      const response = await axios.put<User>(`http://localhost:3000/
users/${editForm.value.id}`, editForm.value);
      const index = users.value.findIndex(u => u.id === editForm.value.id);
      if (index !== -1) {
        users.value[index] = response.data;
      }
      editDialogVisible.value = false;
    };

    // 返回数据和方法
    return {
      users,
      form,
      addUser,
      deleteUser,
      editDialogVisible,
```

```
      editForm,
      showEditDialog,
      updateUser,
      deleteDialogVisible,
      confirmDeleteUser
    };
  }
});
</script>
...
```

代码运行效果如图 11.13 和图 11.14 所示。

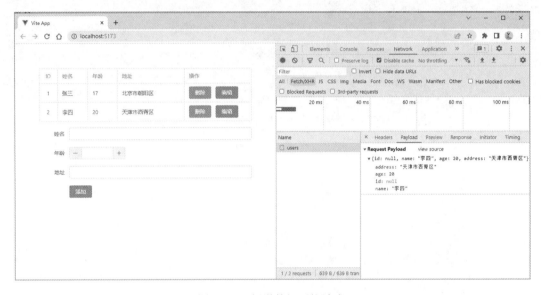

图 11.13　新增数据网络请求

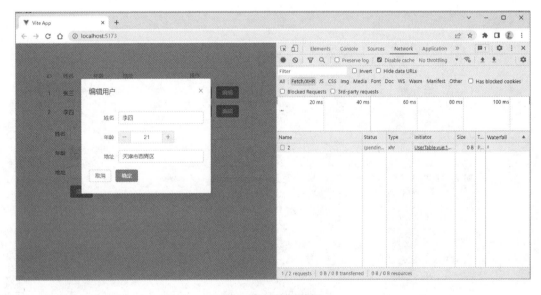

图 11.14　编辑数据

代码分析如下：

1）数据添加功能

❑ 表单包含姓名、年龄和地址的输入字段，并有一个"添加"按钮。

❑ 用户在输入完整的用户信息后，单击"添加"按钮会触发 addUser 方法。

❑ 在 addUser 方法中会验证表单信息是否完整，如果不完整则会显示错误提示。

❑ 如果表单信息完整，则会发送 HTTP 请求将用户信息提交给服务器，并将服务器返回的用户信息添加到用户列表中。

❑ 用户添加成功后，表单会重置为初始状态，用户列表会自动更新显示新增的用户。

2）数据修改功能

❑ 单击"编辑"按钮会弹出一个对话框，显示当前用户的详细信息。

❑ 对话框中包含一个表单，用户可以修改姓名、年龄和地址。

❑ 用户在修改完信息后，单击"确定"按钮会触发 updateUser 方法。

❑ 在 updateUser 方法中会验证表单信息是否完整，如果不完整则会显示错误提示。

❑ 如果表单信息完整，则会发送 HTTP 请求将修改后的用户信息提交给服务器，并更新用户列表中对应用户的信息。

❑ 用户信息更新成功后，对话框关闭，用户列表会自动更新显示修改后的用户信息。

11.5　小　　结

本章主要介绍了后台模拟环境的构建。首先梳理了前后端分离的概念，帮助读者更好地理解应用程序的前后端如何高效地协同工作。Postman 是一个强大的工具，能方便地测试和验证后端服务器 API 的有效性。本章介绍了如何使用 Postman 发送各种 HTTP 请求，包括常用的 GET、POST 等，以及如何定制参数和 HTTP 头。

然后介绍了 json-server 的安装和使用，并编写了第一个 json-server 程序。json-server 是一个很方便的工具，可以模拟后端数据，使开发者在没有完全构建好后端服务的情况下也能进行前端的开发和测试。

最后进行了实战练习，使用 json-server 实现了数据的增、删、改、查操作。在这个过程中，创建和配置了项目，然后使用 json-server 实现了对数据的查询、删除、新增和编辑。

本章介绍了许多关于后台模拟环境搭建的知识和技能。这些知识和技能可以帮助读者更好地开发和测试前端应用程序，而无须依赖于完全构建好的后端服务。

第3篇
项目实战

第 12 章 商城后台管理系统——
项目设计与框架搭建

终于来到了最后的项目实战章节。本章将设计一个商城后台管理系统，通过这个项目，可以涵盖更多的知识点，并对所学知识进行全面复习。商城系统允许用户在网络商城上注册、登录并购买感兴趣的商品，而商城后台管理系统则是管理员用户使用的工具，用于维护整个商城的后台。通过商城后台管理系统，管理员可以查看销售额、编辑商品价格等。考虑到负责维护的人员通常不是开发人员，因此商城后台管理系统需要提供一套相应的图形用户界面（Graphical User Interface，GUI），以方便维护人员使用。

本项目的内容较多，所以将其分成两章来完成。本章的主要内容是项目设计、框架选择、搭建基本架构，第 13 章是项目的具体开发环节。

本章涉及的主要内容点如下：

❑ 项目设计；
❑ 项目起步；
❑ 路由构建；
❑ 系统设置；
❑ 用户管理。

12.1 项 目 设 计

商城类的后台管理系统现在已经非常常见，Vue 3 已经问世多年，因此网上已经存在很多相对成熟的模板可供使用，并且都是免费、开源的项目。如果没有特殊的要求，完全可以根据这些模板并结合自己的需求进行设计。现今的后台管理系统通常采用左侧主导航嵌套子导航的布局，而顶部通常包括搜索框、通知消息、主题切换及退出登录等功能模块。可以参考一些知名的开源项目，如 element-plus-admin（见图 12.1）和 vue-next-admin（见图 12.2）。

一个商城后台管理系统，实质上是增、删、改、查的操作，如新增商品、删除商品、修改商品价格、查询销售记录等。因此项目设计需要围绕这些实际的业务而展开，一个基本的商城后台管理系统结构设计如图 12.3 所示。

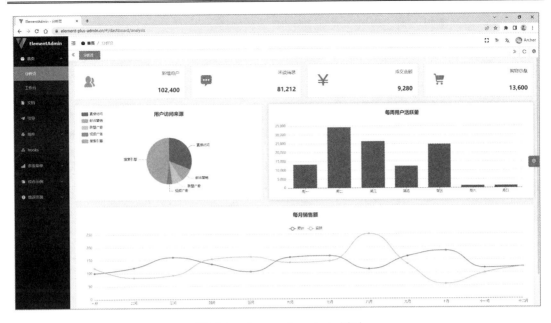

图 12.1　element-plus-admin 展示

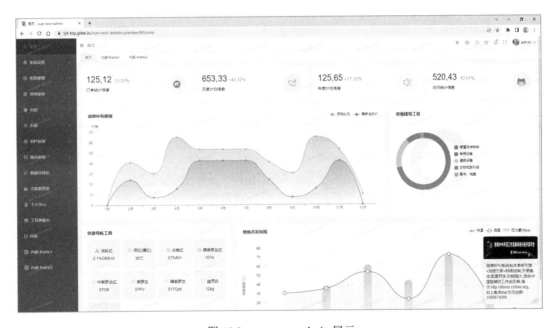

图 12.2　vue-next-admin 展示

下面梳理一下图 12.3 中的功能分支。

❑　资产盘点

➢　资产概况：首页默认显示资产盘点的资产概况，主要展示一些基本概况信息。

➢　数据分析：数据饼状图和柱形图等。

❑　商品管理

➢　商品查询：展示商品列表，通过商品名称等可以进行商品查询。

➢　商品添加：新增商品，需要设置商品的名称、价格和图片等信息。

➢ 商品编辑：对已存在的商品进行编辑和修改。

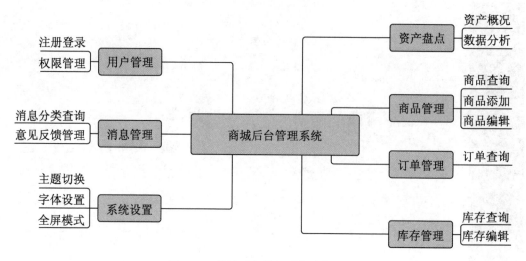

图 12.3　商城后台管理系统结构设计

❑ 订单管理
　　➢ 订单查询：展示订单列表，通过商品名称等可以进行查询。
❑ 库存管理
　　➢ 库存查询：展示库存列表，通过商品名称等可以进行查询。
　　➢ 库存编辑：对已存在的库存进行修改。
❑ 用户管理
　　➢ 注册登录：新用户注册和登录。
　　➢ 权限管理：设置用户的功能模块权限。
❑ 消息管理
　　➢ 消息分类查询：查看通知消息、举报消息等各种分类消息。
　　➢ 意见反馈管理：查看用户对商品反馈的意见等。
❑ 系统设置
　　➢ 主题切换：主题颜色切换。
　　➢ 字体设置：调整字体大小。
　　➢ 全屏设置：全屏展示页面。

在功能上，这个项目跟真正的商城后台管理软件肯定无法相比，但是作为学习 Vue 的练习项目来说足以复习各个知识点了。虽然这个项目比起商业项目要简单很多，但是可以熟悉整个开发流程，让读者真正掌握如何从零开始搭建整个项目。

12.2　项 目 起 步

在 12.1 节中已经对项目的内容进行了需求分析与设计，与之前的实战项目不同，商城后台管理系统较为复杂，业务也更加多。不过也不需要担心，不管再复杂庞大的项目，也是通过"一砖一瓦"建立起来的，只要基础牢固，总能成功完成项目的开发。本节根据项目的需要用到的技术进行选型，并且进行目录结构和资源的搭建。

12.2.1 框架选型

要打造一个较为复杂的商城后台管理项目，所有模块都由自己构建，代码会特别多。因此笔者经过精挑细选，最终选择使用 vue-element-plus-admin 来作为管理后台的解决方案。这种通用解决方案在前端开发中很常见，主要作用就是提供更多通用性的业务模块，让开发者免于重复造轮子，从而专注于业务开发。vue-element-plus-admin 的官方文档如图12.4 所示。

图 12.4 vue-element-plus-admin 的官方文档

值得注意的是，在进行框架选型的时候尽量选择 MIT 这种较为宽松的类型，因为 MIT 协议的项目，使用人有权使用、复制、修改、合并、出版发行、散布、再授权及贩售软件和软件的副本，如图 12.5 所示。如果是有使用限制的框架，请一定要获得授权。

下面先对照列举各种工具和 CLI 的版本，如果读者在运行项目的过程中发生错误，那有可能是部分工具存在兼容性问题，可以切换至笔者所使用的版本。

```
node                18.15.0
npm                 9.5.0
pnpm                8.6.3
```

```
vue                     3.2.7
vue-router              4.1.6
vite                    4.2.1
axios                   1.3.5
element-plus            2.3.3
echarts                 5.4.2
```

```
MIT License

Copyright (c) 2021-present Archer

Permission is hereby granted, free of charge, to any person obtaining a copy
of this software and associated documentation files (the "Software"), to deal
in the Software without restriction, including without limitation the rights
to use, copy, modify, merge, publish, distribute, sublicense, and/or sell
copies of the Software, and to permit persons to whom the Software is
furnished to do so, subject to the following conditions:

The above copyright notice and this permission notice shall be included in all
copies or substantial portions of the Software.

THE SOFTWARE IS PROVIDED "AS IS", WITHOUT WARRANTY OF ANY KIND, EXPRESS OR
IMPLIED, INCLUDING BUT NOT LIMITED TO THE WARRANTIES OF MERCHANTABILITY,
FITNESS FOR A PARTICULAR PURPOSE AND NONINFRINGEMENT. IN NO EVENT SHALL THE
AUTHORS OR COPYRIGHT HOLDERS BE LIABLE FOR ANY CLAIM, DAMAGES OR OTHER
LIABILITY, WHETHER IN AN ACTION OF CONTRACT, TORT OR OTHERWISE, ARISING FROM,
OUT OF OR IN CONNECTION WITH THE SOFTWARE OR THE USE OR OTHER DEALINGS IN THE
SOFTWARE.
```

权限

✓ 商业用途
✓ 修改
✓ 分配
✓ 私人使用

图 12.5　MIT License 说明

在 UI 样式库中，依然和前面的章节一样，选择使用 Element Plus 进行开发，这里使用的 vue-element-plus-admin 中已经包含 Element Plus，所以不需要重复安装。

这个项目的目录下有许多文件，简单介绍一下它们的作用。

```
.
├── .github              # github workflows 相关
├── .husky               # husky 配置
├── .vscode              # vscode 配置
├── mock                 # 自定义 mock 数据及配置
├── public               # 静态资源
├── src                  # 项目代码
│   ├── api              # API 管理
│   ├── assets           # 静态资源
│   ├── components       # 公用组件
│   ├── hooks            # 常用的 hooks
│   ├── layout           # 布局组件
│   ├── locales          # 语言文件
│   ├── plugins          # 外部插件
│   ├── router           # 路由配置
│   ├── store            # 状态管理
│   ├── styles           # 全局样式
│   ├── utils            # 全局工具类
```

```
|     ├── views                    # 路由页面
|     ├── App.vue                  # 入口 Vue 文件
|     ├── main.ts                  # 主入口文件
|     └── permission.ts            # 路由拦截
├── types                          # 全局类型
├── .env.base                      # 本地开发环境，环境变量配置
├── .env.dev                       # 打包到开发环境，环境变量配置
├── .env.gitee                     # 针对 gitee 的环境变量，可忽略
├── .env.pro                       # 打包到生产环境，环境变量配置
├── .env.test                      # 打包到测试环境，环境变量配置
├── .eslintignore                  # eslint 跳过检测配置
├── .eslintrc.js                   # eslint 配置
├── .gitignore                     # git 跳过配置
├── .prettierignore                # prettier 跳过检测配置
├── .stylelintignore               # stylelint 跳过检测配置
├── .versionrc                     # 自动生成版本号及更新记录配置
├── CHANGELOG.md                   # 更新记录
├── commitlint.config.js           # git commit 提交规范配置
├── index.html                     # 入口页面
├── package.json
├── .postcssrc.js                  # postcss 配置
├── prettier.config.js             # prettier 配置
├── README.md                      # 英文 README
├── README.zh-CN.md                # 中文 README
├── stylelint.config.js            # stylelint 配置
├── tsconfig.json                  # typescript 配置
├── vite.config.ts                 # vite 配置
└── windi.config.ts                # windicss 配置
```

使用 vue-element-plus-admin 本地开发推荐使用 Chrome 浏览器的最新版本。vue-element-plus-admin 对浏览器的支持情况如图 12.6 所示。由于 Vue 3 不再支持 IE 11 浏览器，所以 vue-element-plus-admin 也不支持 IE 浏览器。

IE	Edge	Firefox	Chrome	Safari
not support	last 2 versions	last 2 versions	last 2 versions	last 2 versions

图 12.6　vue-element-plus-admin 对浏览器的支持情况

12.2.2　创建项目

在创建项目之前，先打开 package.json，查看都有哪些运行命令：

```
...
"scripts": {
  # 安装依赖
  "i": "pnpm install",
  # 本地开发环境运行
  "dev": "vite --mode base",
```

```
    # typeScript 检测
    "ts:check": "vue-tsc --noEmit",
    # 打包生产环境
    "build:pro": "vite build --mode pro",
    # 打包开发环境
    "build:dev": "npm run ts:check && vite build --mode dev",
    # 打包测试环境
    "build:test": "npm run ts:check && vite build --mode test",
    # 本地预览，已打包的生产环境项目包
    "serve:pro": "vite preview --mode pro",
    # 本地预览，已打包的开发环境项目包
    "serve:dev": "vite preview --mode dev",
    # 本地预览，已打包的测试环境项目包
    "serve:test": "vite preview --mode test",
    # 检测可更新依赖
    "npm:check": "npx npm-check-updates",
    # 删除 node_modules
    "clean": "npx rimraf node_modules",
    # 删除缓存
    "clean:cache": "npx rimraf node_modules/.cache",
    # eslint 检测
    "lint:eslint": "eslint --fix --ext .js,.ts,.vue ./src",
    # eslint 格式化
    "lint:format": "prettier --write --loglevel warn \"src/**/*.{js,ts,
json,tsx,css,less,vue,html,md}\"",
    # stylelint 格式化
    "lint:style": "stylelint --fix \"**/*.{vue,less,postcss,css,scss}\
" --cache --cache-location node_modules/.cache/stylelint/",
    "lint:lint-staged": "lint-staged -c ./.husky/lintstagedrc.js",
    "lint:pretty": "pretty-quick --staged",
    "postinstall": "husky install",
    # 快速生成统一规范的模块
    "p": "plop"
},
...
```

可以看到，如果想运行项目，需要执行 npm run dev 命令，而不是平时最常用的 npm run serve 命令。

接下来需要安装 pnpm 工具，这个工具是 NPM 的替代者，不仅运行速度快，而且节约磁盘空间。输入以下命令进行安装：

```
npm i -g pnpm
```

安装好 pnpm 后，进行项目的创建，输入以下指令创建项目：

```
// 在项目目录下 clone vue-element-plus-admin
git clone https://github.com/kailong321200875/vue-element-plus-admin
// 安装依赖
pnpm i
// 运行项目
npm run dev
```

项目运行效果如图 12.7 所示。

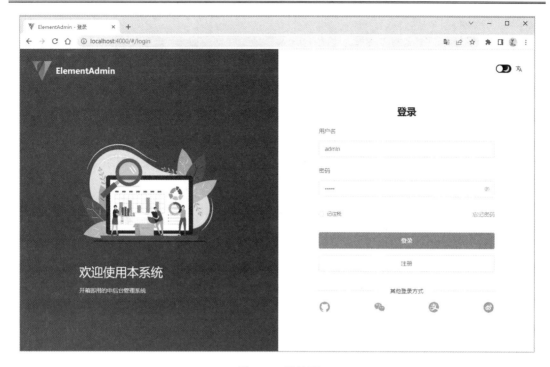

图 12.7　登录页

看到图 12.7 说明项目已经创建成功了，输入框中默认已经输入了用户名和密码，可以直接跳转到主页面。

如果需要使用国际化的文字，则需要在 src/locales/目录下分别编辑不同语言的配置文件。项目模板中已经自带了中文和英文配置文件，分别是 zh-CN.ts 和 en.ts，这些配置文件中包含我们需要的国际化的文本。以中文的配置文件 router 部分举例：

```
export default {
...
  router: {
    login: '登录',
    level: '多级菜单',
    menu: '菜单',
    ...
  }
}
```

假如我们在 router 部分需要用到一些文本，如登录、多级菜单和菜单等，可以在这些配置文件中使用一个固定的 Key（标识）来表示这些文本，如 login、level 和 menu 等。对于同一个标识，不同语言的配置文件会写上相应语言的文本，如中文配置文件中的 login: '登录'，英文配置文件中的 login: 'Login'。这样，用户在选择不同语言时就可以看到对应的文本，完成了国际化。

打开 src/router/index.ts，代码如下：

```
...
const { t } = useI18n()
...
{
    path: '/login',
    component: () => import('@/views/Login/Login.vue'),
```

```
    name: 'Login',
    meta: {
      hidden: true,
      title: t('router.login'),
      noTagsView: true
    }
  }
...
```

其中，title 后面有一个 t，t 是多语言 I18n 的一个方法。t 方法中的 router.login 就是在语言配置文件中的 Key。当加载中文的时候会显示"登录"，加载英文时会显示 Login。以上就是多语言的实现方法。

12.2.3　自动化导入组件

在第 6 章中讲过，使用 unplugin-vue-components 可以实现组件的自动化导入，对于没有预装自动导入的框架，可以参考 6.2.4 节的内容进行安装。

不过市面上成熟的框架一般都会自带自动导入功能，vue-element-plus-admin 自然也不例外，功能完善的框架是可以做到开箱即用的。

12.2.4　封装网络请求

在第 7 章学习网络请求时，我们自己使用 Axios 封装了一个网络请求。对于实际开发而言，封装网络请求主要是为了解决以下几个问题：

❑ 统一请求地址，方便修改。

❑ 统一设置新的请求头。

❑ 监听所有请求的状态码。

vue-element-plus-admin 中已经封装了一个拦截器，下面一起来看一下它的代码。这部分的代码位置在 src/config/axios 下，里面一共有 3 个文件，分别是 config.ts、service.ts 和 index.ts。

❑ config.ts：配置文件，用于存放不同类型环境的接口前缀。

❑ service.ts：服务文件，将 Axios 和提示框等功能封装在一起。

❑ index.ts：将上面两个文件集中，并导出 GET、POST、DELETE 和 PUT 请求供外界访问。

由于使用的 json-server 修改为 RESTFUL 规范接口比较麻烦，所以需要修改 service.ts 代码：

```
...
// response拦截器
service.interceptors.response.use(
  (response: AxiosResponse<any>) => {
    if (response.config.responseType === 'blob') {
      // 如果是文件流，则直接过
      return response
    } else if (response.data.code === result_code) {
      return response.data
    } else {
```

```
    return response.data
  }
},
(error: AxiosError) => {
  console.log('err' + error) // for debug
  ElMessage.error(error.message)
  return Promise.reject(error)
}
)
...
```

修改的是拦截器中的 else 部分，把没有返回 code 的接口也进行了正常返回。这样再写的接口即使没有 code，也可以正常获取数据了。

这个时候任意找一个页面，在其中输入以下代码就可以测试接口了：

```
import request from '@/config/axios'

request.get({ url: 'http://localhost:3000/users' }).then(response => {
  console.log(response)
}).catch(error => {
  console.error(error);
});

// 需要使用下列代码运行 json-server
json-server data.json
```

json-server 的数据使用第 11 章的测试数据即可，代码运行效果如图 12.8 所示。

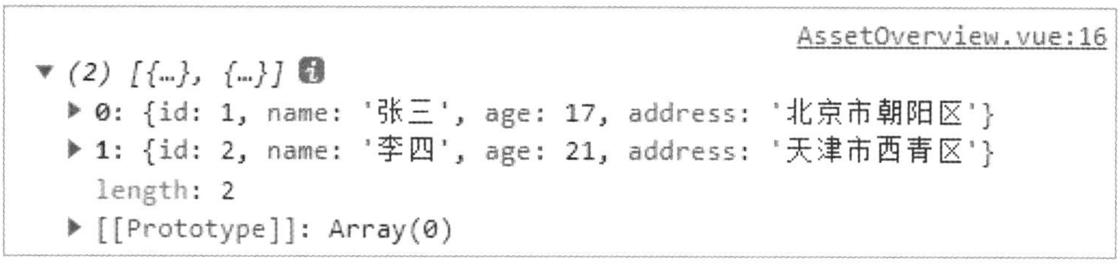

图 12.8　测试网络请求

12.3　路由构建

项目的导航栏目前只有几个空的页面，首先需要把图 12.3 中的组件全部构建完毕，并按照层级顺序建立自己的路由。导航栏上的内容则不进行任何修改，因为这不在本次项目实战的范围内。如果读者想尝试的话，那么可以将上面的内容替换为自己想要的内容。

12.3.1　组件的建立

在配置路由前，首先建立需要用到的组件，在终端输入以下指令进行组件的新建。在 src/views 下按照下列路径分别建立组件。用户的注册和登录功能框架已经自带了，因此不再新建。

```
// 资产盘点
Asset/AssetOverview              资产概况
Asset/DataAnalysis              数据分析
// 商品管理
Product/ProductSearch           商品查询
Product/ProductAdd              商品添加
Product/ProductEdit             商品编辑
// 订单管理
Order/OrderSearch               订单查询
// 库存管理
Inventory/InventorySearch       库存查询
Inventory/InventoryEdit         库存编辑
// 用户管理
User/PermissionManagement       权限管理
// 消息管理
Message/MessageSearch           消息分类查询
Message/FeedbackManagement      意见反馈管理
```

建立的文件扩展名都是以.vue 结尾，不需要手动进行注册。因为 vue-element-plus-admin 框架中自带了主题切换、字体设置、全屏设置功能，所以这几个功能不需要再建立页面文件了。最终项目的 src/views 目录如图 12.9 所示。

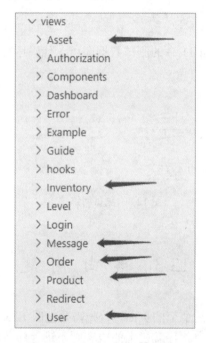

图 12.9　项目的 src/views 目录

只有文件，里面没有内容肯定是无法运行的。在新建的.vue 文件中输入以下代码：

```
<template>
  <div class="container">
    DataAnalysis
  </div>
</template>

<script setup lang="ts">
</script>
```

为了区分不同的页面，DataAnalysis 可以替换为各自的文件名。

views 目录下还有一些是框架自带的组件，笔者已经把新建的文件夹标注出来了（见图 12.9 中的标注箭头）。在配置完路由后，会统一将无用的目录删除。

12.3.2　路由的配置

在 vue-element-plus-admin 中，对路由进行配置同样是在 src/router/index.ts 中完成的。需要注意的是，这个项目把路由分为了多个模块，需要分别配置。这样配置的原因自然不是为了复杂而复杂，这种构建方式的一大好处就是可以在自己的 store/modules/permission.ts 中动态控制权限，如切换了非管理员账号，可以减少几个选项等。

接下来修改 index.ts 中的代码，首先是 constantRouterMap 部分：

```
export const constantRouterMap: AppRouteRecordRaw[] = [
  {
    path: '/',
    component: Layout,
    redirect: '/asset/AssetOverview',
    name: 'Root',
    meta: {
      hidden: true
    }
  },
  {
    path: '/login',
    component: () => import('@/views/Login/Login.vue'),
    name: 'Login',
    meta: {
      hidden: true,
      title: t('router.login'),
      noTagsView: true
    }
  },
  {
    path: '/404',
    component: () => import('@/views/Error/404.vue'),
    name: 'NoFind',
    meta: {
      hidden: true,
      title: '404',
      noTagsView: true
    }
  }
]
```

根路由包括默认页、登录页和 404 页，只需要修改默认页的地址即可。

然后修改 asyncRouterMap 部分的代码：

```
export const asyncRouterMap: AppRouteRecordRaw[] = [
  {
    path: '/Asset',
    component: Layout,
    redirect: '/Asset/AssetOverview',
    name: 'Asset',
    meta: {
      title: '资产盘点',
      icon: 'ant-design:dashboard-filled',
```

```
          alwaysShow: true
        },
        children: [
          {
            path: 'AssetOverview',
            component: () => import('@/views/Asset/AssetOverview.vue'),
            name: 'AssetOverview',
            meta: {
              title: '资产概况',
              noCache: true,
              affix: true
            }
          },
          {
            path: 'DataAnalysis',
            component: () => import('@/views/Asset/DataAnalysis.vue'),
            name: 'DataAnalysis',
            meta: {
              title: '数据分析',
              noCache: true
            }
          }
        ]
      },
      {
        path: '/Product',
        component: Layout,
        redirect: '/Product/ProductSearch',
        name: 'Product',
        meta: {
          title: '商品管理',
          icon: 'bx:bxs-component',
          alwaysShow: true
        },
        children: [
          {
            path: 'ProductSearch',
            component: () => import('@/views/Product/ProductSearch.vue'),
            name: 'ProductSearch',
            meta: {
              title: '商品查询',
              noCache: true
            }
          },
          {
            path: 'ProductAdd',
            component: () => import('@/views/Product/ProductAdd.vue'),
            name: 'ProductAdd',
            meta: {
              title: '商品添加',
              noCache: true
            }
          },
          {
            path: 'ProductEdit',
            component: () => import('@/views/Product/ProductEdit.vue'),
            name: 'ProductEdit',
            meta: {
              title: '商品编辑',
              noCache: true
```

```
        }
      }
    ]
  },
  {
    path: '/Order',
    component: Layout,
    redirect: '/Order/OrderSearch',
    name: 'Order',
    meta: {
      title: '订单管理',
      icon: 'clarity:document-solid',
      alwaysShow: true
    },
    children: [
      {
        path: 'OrderSearch',
        component: () => import('@/views/Order/OrderSearch.vue'),
        name: 'OrderSearch',
        meta: {
          title: '订单查询',
          noCache: true
        }
      }
    ]
  },
  {
    path: '/Inventory',
    component: Layout,
    redirect: '/Inventory/InventorySearch',
    name: 'Inventory',
    meta: {
      title: '库存管理',
      icon: 'carbon:skill-level-advanced',
      alwaysShow: true
    },
    children: [
      {
        path: 'InventorySearch',
        component: () => import('@/views/Inventory/InventorySearch.vue'),
        name: 'InventorySearch',
        meta: {
          title: '库存查询',
          noCache: true
        }
      },
      {
        path: 'InventoryEdit',
        component: () => import('@/views/Inventory/InventoryEdit.vue'),
        name: 'InventoryEdit',
        meta: {
          title: '库存编辑',
          noCache: true
        }
      },
    ]
  },
  {
    path: '/User',
    component: Layout,
```

```
      redirect: '/User/PermissionManagement',
      name: 'User',
      meta: {
        title: '用户管理',
        icon: 'eos-icons:role-binding',
        alwaysShow: true
      },
      children: [
        {
          path: 'PermissionManagement',
          component: () => import('@/views/User/PermissionManagement.vue'),
          name: 'PermissionManagement',
          meta: {
            title: '权限管理',
            noCache: true
          }
        }
      ]
    },
    {
      path: '/Message',
      component: Layout,
      redirect: '/Message/MessageSearch,
      name: 'Message',
      meta: {
        title: '消息管理',
        icon: 'cib:telegram-plane',
        alwaysShow: true
      },
      children: [
        {
          path: 'MessageSearch',
          component: () => import('@/views/Message/MessageSearch.vue'),
          name: 'MessageSearch',
          meta: {
            title: '消息分类查询',
            noCache: true
          }
        },
        {
          path: 'FeedbackManagement',
          component: () => import('@/views/Message/FeedbackManagement.vue'),
          name: 'FeedbackManagement',
          meta: {
            title: '意见反馈管理',
            noCache: true
          }
        }
      ]
    },
  ]
```

这里的代码包括所有的模块，所以比较多。笔者已经把不同模块进行了分类，并添加了子路由。在 routes 变量中，需要注意的是不要混淆 path 和 children 等参数，如果发现单击后没有跳转到对应页面那么可以检查一下这两个参数。

运行代码，登录页面如图 12.10 所示，登录后的首页如图 12.11 所示。

图 12.10　登录页

图 12.11　首页

12.4　系 统 设 置

　　在本项目中，系统设置模块可以充分利用框架自带的功能，这正是使用框架的便利之处。许多常用的功能前面已经完成了，因此完全可以直接使用，从而节约了开发时间并提高了开发效率。

首先看一下图 12.12，笔者已经标记出了全屏模式、字体设置和主题切换的设置位置。

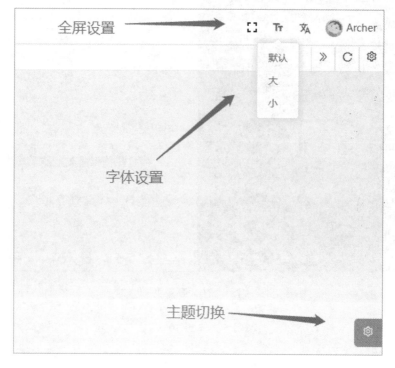

图 12.12　系统设置入口

在系统设置界面中单击屏幕右边的设置按钮，不仅能对主题颜色进行修改，而且可以修改导航栏的布局，如图 12.13 所示。

图 12.13　主题切换设置

其中，主题切换的代码在 src/components/setting 下，字体设置在 src/components/SizeDropdown 下，全屏模式在 src/components/Screenfull 下。如果读者有进一步的定制化需求，可以直接对其原文件进行修改。

12.5　用　户　管　理

完成项目的基本框架构建之后，接着创建用户管理模块。虽然用户管理模块只是一个比较小的模块，但是不可或缺。因为用户不能在没有账号的情况下登录并完成各种操作。在 vue-element-plus-admin 这个框架中提供了很多相关功能，从而使开发用户管理模块更加方便、快捷。

12.5.1　用户登录

在正式开发前，全局注册 element-plus。打开 src/components/index.ts，修改代码如下：

```
import type { App } from 'vue'
import { Icon } from './Icon'
import ElementPlus from 'element-plus'
import 'element-plus/dist/index.css'

export const setupGlobCom = (app: App<Element>): void => {
  app.component('Icon', Icon)
  app.use(ElementPlus)
}
```

用户登录页面的开发已经完成了，打开 views/Login/Login.vue 文件，可以看到第 73 行代码引用了组件 LoginForm，代码如下：

```
<LoginForm
  v-if="isLogin"
  class="p-20px h-auto m-auto <xl:(rounded-3xl light:bg-white)"
  @to-register="toRegister"
/>
```

LoginForm 组件就是用来控制登录的模块，打开同目录下的 components/LoginForm.vue 文件。由于代码比较多，这里只分析关键代码：

```
// 登录
// 用户登录函数
const signIn = async () => {
  // 获取表单引用
  const formRef = unref(elFormRef);

  // 验证表单数据
  await formRef?.validate(async (isValid) => {
    if (isValid) {
      // 开始加载状态
      loading.value = true;

      // 获取表单数据
      const { getFormData } = methods;
      const formData = await getFormData<UserType>();
```

```
    try {
      // 调用登录接口
      const res = await loginApi(formData);

      if (res) {
        // 将用户信息缓存至本地
        wsCache.set(appStore.getUserInfo, res.data);

        // 检查是否使用动态路由
        if (appStore.getDynamicRouter) {
          // 获取用户角色
          getRole();
        } else {
          // 生成并添加权限路由
          await permissionStore.generateRoutes('none').catch(() => {});
          permissionStore.getAddRouters.forEach((route) => {
            addRoute(route as RouteRecordRaw);      // 动态添加可访问路由表
          });
          permissionStore.setIsAddRouters(true);
          // 跳转到指定路由
          push({ path: redirect.value || permissionStore.addRouters[0].
path });
        }
      }
    } finally {
      // 结束加载状态
      loading.value = false;
    }
  }
});
};

// 获取角色信息
const getRole = async () => {
  const { getFormData } = methods
  const formData = await getFormData<UserType>()
  const params = {
    roleName: formData.username
  }
  // admin-模拟后端过滤菜单
  // test-模拟前端过滤菜单
  const res =
    formData.username === 'admin' ? await getAdminRoleApi(params) : await
getTestRoleApi(params)
  if (res) {
    const { wsCache } = useCache()
    const routers = res.data || []
    wsCache.set('roleRouters', routers)
// 用户类型
    formData.username === 'admin'
      ? await permissionStore.generateRoutes('admin', routers).catch(() =>
{})
      : await permissionStore.generateRoutes('test', routers).catch(() =>
{})

    permissionStore.getAddRouters.forEach((route) => {
      addRoute(route as RouteRecordRaw)                // 动态添加可访问路由表
    })
```

```
    permissionStore.setIsAddRouters(true)
    push({ path: redirect.value || permissionStore.addRouters[0].path })
  }
}
```

signIn 方法实现了用户登录功能。它首先通过 unref(elFormRef)获取表单的引用，然后调用.validate 方法验证表单的有效性。如果表单有效，则会执行一系列的操作，包括向服务器发起登录请求、缓存用户信息、生成可访问的路由表等。

getRole 用于获取角色信息。它通过调用 getFormData 方法获取表单数据，并根据表单中的用户名（formData.username）选择不同的角色信息接口进行请求。请求返回后，将角色信息存储在本地缓存中，并根据角色类型生成可访问的路由表，最后将路由信息添加到路由表中。

在实战项目中，只需要把 signIn 中的网络请求改为自己项目的接口，把 getRole 修改为自己定义的角色类型即可。

12.5.2　用户注册

接下来讲解用户注册功能。对于后台管理系统而言其并非必需功能，因为某些管理系统可能不开放注册功能。打开同目录下的 components/ RegisterForm.vue 文件。由于代码比较多，下面只分析关键代码：

```
<template>
  <!-- 注册表单 -->
  <Form
    :schema="schema"              <!-- 使用的表单结构 -->
    :rules="rules"                <!-- 表单校验规则 -->
    label-position="top"
    hide-required-asterisk
    size="large"
    class="dark:(border-1 border-[var(--el-border-color)] border-solid)"
<!-- 样式类设置 -->
    @register="register"          <!-- 当注册按钮被单击时触发的事件 -->
  >
    <!-- 表单标题模板 -->
    <template #title>
      <h2 class="text-2xl font-bold text-center w-[100%]">
{{ t('login.register') }}</h2>
    </template>

    <!-- 表单项模板：验证码 -->
    <template #code="form">
      <div class="w-[100%] flex">
        <ElInput v-model="form['code']" :placeholder=
"t('login.codePlaceholder')" /> <!-- 绑定验证码输入框数据和占位符 -->
      </div>
    </template>

    <!-- 注册按钮及切换到登录按钮模板 -->
    <template #register>
      <div class="w-[100%]">
        <ElButton type="primary" class="w-[100%]" :loading="loading"
@click="loginRegister">
          {{ t('login.register') }} <!-- 显示注册按钮文本 -->
```

```
      </ElButton>
    </div>
    <div class="w-[100%] mt-15px">
      <ElButton class="w-[100%]" @click="toLogin">
        {{ t('login.hasUser') }} <!-- 显示已有账号切换到登录按钮文本 -->
      </ElButton>
    </div>
  </template>
</Form>
</template>
```

上面这段代码是 HTML 部分的代码，逻辑并不复杂，因此就不展示 TypeScript 代码了。用户注册页主要分为用户名、密码、确认密码和验证码 4 个需要填写的表单项，如图 12.14 所示。

图 12.14　用户注册页

从图 12.14 中可以看出，密码下面还有一个复杂度的提示。如果读者的项目也有类似的需求，完全可以参考这个页面来实现。

12.5.3　权限管理

完成了登录、注册功能后，肯定需要对用户的权限进行管理。权限管理需要进入首页，从侧边栏进入，如图 12.15 所示。

图 12.15　从侧边栏打开权限管理

按照粗略分类，把权限分为管理员和普通用户。接下来打开 src/views/ User/ PermissionManagement.vue，输入以下代码：

```ts
<script setup lang="ts">
import { ContentWrap } from '@/components/ContentWrap'
import { Table } from '@/components/Table'
import { getUserListApi } from '@/api/login'
import { UserType } from '@/api/login/types'
import { ref, h } from 'vue'
import { TableColumn } from '@/types/table'

// 接口参数类型定义
interface Params {
  pageIndex?: number
  pageSize?: number
}

// 表格列定义
const columns: TableColumn[] = [
  {
    field: 'index',
    label: '序号',
    type: 'index'
  },
  {
    field: 'username',
    label: '用户名'
  },
  {
    field: 'password',
```

```
        label: '密码'
      },
      {
        field: 'role',
        label: '角色'
      },
      {
        field: 'remark',
        label: '备注',
        formatter: (row: UserType) => {
          return h(
            'span',
            row.username === 'admin' ? '后端控制路由' : '前端控制路由'
          )
        }
      },
      {
        field: 'action',
        label: '操作'
      }
]

// 加载状态
const loading = ref(true)

// 表格数据
let tableDataList = ref<UserType[]>([])

// 获取表格数据
const getTableList = async (params?: Params) => {
  const res = await getUserListApi({
    params: params || {
      pageIndex: 1,
      pageSize: 10
    }
  })
  if (res) {
    tableDataList.value = res.data.list
    loading.value = false
  }
}
getTableList()

// 弹窗状态
const dialogVisible = ref(false)
// 选择的区域
const region = ref(undefined)
</script>

<template>
  <!-- 内容包装组件 -->
  <ContentWrap title="用户管理" message="测试数据">
    <!-- 表格组件 -->
    <Table :columns="columns" :data="tableDataList" :loading="loading"
:selection="false">
      <!-- 自定义列模板 -->
```

```
    <template #action="data">
      <ElButton type="primary" @click="dialogVisible = true">
        操作
      </ElButton>
    </template>
  </Table>
  <!-- 编辑权限弹窗 -->
  <el-dialog v-model="dialogVisible" title="修改权限">
    <el-select v-model="region" placeholder="请选择">
      <el-option label="管理员" value="1" />
      <el-option label="普通用户" value="2" />
    </el-select>
    <!-- 弹窗底部按钮 -->
    <template #footer>
      <ElButton type="primary" @click="dialogVisible = false">提交
</ElButton>
      <ElButton @click="dialogVisible = false">取消</ElButton>
    </template>
  </el-dialog>
 </ContentWrap>
</template>
```

上面这段代码实现了一个用户管理页面，该页面包括以表格形式展示的用户信息及修改权限时弹出的对话框。通过调用 getTableList 函数初始化表格数据，通过响应式引用控制加载状态、表格数据、对话框的显示与隐藏及选择的地区值。代码运行效果如图 12.16 所示。

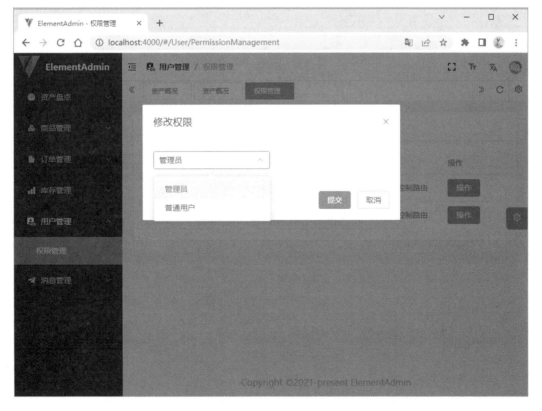

图 12.16　"修改权限"对话框

如果弹出的"修改权限"对话框可以正常运行，那么恭喜读者完成了本节的学习，如果有报错情况则需要读者请仔细核对示例代码。

12.6 小 结

至此，我们的实战项目已经完成一半了。本章构建了一个商城后台系统框架，包括项目设计、项目构建、路由配置开始学习，并在后面的不同模块中复习了组件、路由、网络请求和指令等知识点。在第 13 章中将会逐步完成其他模块的构建。加油！坚持到底就是胜利。

第13章 商城后台管理系统——功能模块的实现

在第 12 章中完成了商城后台管理系统框架的构建,接下来要做的就是为它"添砖加瓦"。

本章将重点介绍商城后台管理系统中主要模块的实现,包括资产盘点、商品管理、订单管理、库存管理及消息管理。这些模块对于商城的正常运营和管理至关重要。通过本章的学习,读者可以深入了解每个模块的设计原理和实现方法,更加熟悉整个商城管理系统的各个环节,全面掌握 Vue 3 的开发技巧。

本章涉及的主要内容点如下:

❑ 资产盘点;
❑ 商品管理;
❑ 订单管理;
❑ 库存管理;
❑ 消息管理。

13.1 资产盘点

首先来开发首页,也就是资产盘点模块。该模块的作用是查看资产的概况并进行数据分析,从面帮助管理员更好地了解商城的资产情况并进行相应的决策。

13.1.1 资产概况

在开发之前,先把框架的部分文件组件复制过来并进行复用。将 views/Dashboard 目录下的 components 目录和 echarts-data.ts 复制到 views/Asset 目录下。复制完成后的目录如图 13.1 所示。

接下来使用 json-server 完成数据部分的构建,在根目录下新建 data.json 并输入以下代码:

图 13.1 Asset 目录

```
{
  "home": {
    "project": 20,
    "todo": 9,
    "access": 1380,
    "operation_record": [
```

```
    {
      "user": "管理员",
      "content": "上架了新产品图书"
    },
    {
      "user": "管理员",
      "content": "修改了图书定价"
    },
    {
      "user": "张三",
      "content": "上架了新产品电脑"
    }
  ]
  }
}
```

然后使用以下指令运行 json-server 服务：

```
json-server data.json
```

打开 AssetOverview.vue 文件，由于文件内容比较多，所以分为 HTML 和 TypeScript 两个部分来讲解。

HTML 部分的代码如下：

```
<template>
<!-- 工作台内容 -->
<div>
<!-- 用户信息卡片 -->
<ElCard shadow="never">
<ElSkeleton :loading="loading" animated>
<ElRow :gutter="20" justify="space-between">
<!-- 左侧用户信息 -->
<ElCol :xl="12" :lg="12" :md="12" :sm="24" :xs="24">
<div class="flex items-center">
<img src="@/assets/imgs/avatar.jpg" alt="" class="w-70px h-70px rounded-
[50%] mr-20px" />
<div>
<div class="text-20px text-700">
你好，管理员，新的一天工作顺利
</div>
<div class="mt-10px text-14px text-gray-500">
                {{ t('workplace.toady') }}, 20℃ - 32℃!
</div>
</div>
</div>
</ElCol>
<!-- 右侧统计信息 -->
<ElCol :xl="12" :lg="12" :md="12" :sm="24" :xs="24">
<div class="flex h-70px items-center justify-end sm:mt-20px">
<!-- 项目数量 -->
<div class="px-8px text-right">
<div class="text-14px text-gray-400 mb-20px">{{ t('workplace.project') }}
</div>
<CountTo class="text-20px" :start-val="0" :end-val="totalSate.project"
:duration="2600" />
</div>
<ElDivider direction="vertical" />
<!-- 待办事项数量 -->
<div class="px-8px text-right">
<div class="text-14px text-gray-400 mb-20px">{{ t('workplace.toDo') }}
```

```
</div>
<CountTo class="text-20px" :start-val="0" :end-val="totalSate.todo"
:duration="2600" />
</div>
<ElDivider direction="vertical" border-style="dashed" />
<!-- 访问量数量 -->
<div class="px-8px text-right">
<div class="text-14px text-gray-400 mb-20px">{{ t('workplace.access') }}
</div>
<CountTo class="text-20px" :start-val="0" :end-val="totalSate.access"
:duration="2600" />
</div>
</div>
</ElCol>
</ElRow>
</ElSkeleton>
</ElCard>


<!-- 面板组件 -->
<PanelGroup style="margin-top: 16px;" />


<!-- 操作记录和贡献指数 -->
<ElRow :gutter="20" justify="space-between">
<!-- 操作记录卡片 -->
<ElCol :xl="16" :lg="16" :md="24" :sm="24" :xs="24" class="mb-20px">
<ElCard shadow="never" class="mt-20px">
<!-- 卡片标题 -->
<template #header>
<div class="flex justify-between">
<span>操作记录</span>
<ElLink type="primary" :underline="false">更多</ElLink>
</div>
</template>
<ElSkeleton :loading="loading" animated>
<!-- 动态操作记录 -->
<div v-for="(item, index) in dynamics" :key="`dynamics-${index}`">
<div class="flex items-center">
<img src="@/assets/imgs/avatar.jpg" alt="" class="w-35px h-35px rounded-
[50%] mr-20px" />
<div>
<div class="text-14px">
<!-- 操作内容 -->
                {{ item.user }} {{ item.content }}
</div>
<div class="mt-15px text-12px text-gray-400">
<!-- 使用时间格式化函数 -->
                {{ useTimeAgo(new Date()) }}
</div>
</div>
</div>
<ElDivider />
</div>
</ElSkeleton>
</ElCard>
</ElCol>


<!-- 贡献指数卡片 -->
<ElCol :xl="8" :lg="8" :md="24" :sm="24" :xs="24" class="mb-20px">
<ElCard shadow="never" class="mt-20px">
```

```
<!-- 卡片标题 -->
<template #header>
<span>贡献指数</span>
</template>
<ElSkeleton :loading="loading" animated>
<!-- 贡献指数雷达图 -->
<Echart :options="radarOptionData" :height="400" />
</ElSkeleton>
</ElCard>
</ElCol>
</ElRow>
</div>
</template>
```

代码并不复杂，主要用于数据的展示，其中，PanelGroup 组件引用的是同目录下 components 里的组件。继续完成 TypeScript 部分的代码：

```
<script setup lang="ts">
import { useTimeAgo } from '@/hooks/web/useTimeAgo'
import PanelGroup from './components/PanelGroup.vue'
import { useI18n } from '@/hooks/web/useI18n'
import { ref, reactive } from 'vue'
import { CountTo } from '@/components/CountTo'
import { Echart } from '@/components/Echart'
import { EChartsOption } from 'echarts'
import { radarOption } from './echarts-data'

import { getRadarApi } from '@/api/dashboard/workplace'
import { set } from 'lodash-es'
import request from '@/config/axios'

// 加载状态
const loading = ref(true)

// 响应式数据：总计状态（项目数量、访问量、待办事项数量）
let totalSate = reactive({
  project: 0,
  access: 0,
  todo: 0
})

// 响应式数据：动态操作记录
let dynamics = reactive([])

// 获取统计数据
const getCount = async () => {
  const res = await request.get({ url: 'http://localhost:3000/home' })
  if (res) {
    totalSate.project = res.project || 0;
    totalSate.todo = res.todo || 0;
    totalSate.access = res.access || 0;
    dynamics = res.operation_record || [];
  }
}

// 响应式数据：雷达图选项数据
let radarOptionData = reactive<EChartsOption>(radarOption) as EChartsOption

// 获取雷达图数据
const getRadar = async () => {
```

```
const res = await getRadarApi().catch(() => { })
if (res) {
  set(
    radarOptionData,
    'radar.indicator',
    res.data.map((v) => {
      return {
        name: t(v.name),
        max: v.max
      }
    })
  )
  set(radarOptionData, 'series', [
    {
      name: '贡献指数',
      type: 'radar',
      data: [
        { value: res.data.map((v) => v.personal), name: '个人' },
        { value: res.data.map((v) => v.team), name: '团队' }
      ]
    }
  ])
}
}

// 获取所有数据
const getAllApi = async () => {
  await Promise.all([getCount(), getRadar()])
  loading.value = false
}

// 调用获取数据函数
getAllApi()

// 国际化翻译函数
const { t } = useI18n()
</script>
```

代码运行效果如图 13.2 所示。

图 13.2　资产概况页

在资产概况页面中，项目数、待办、项目访问和操作记录等数据是通过接口访问得到的，并且参考 vue-element-plus-admin 框架的功能，使用 getAllApi 合并请求函数实现加载效果。

13.1.2　数据分析

接下来实现数据分析模块。数据分析一般以各种图表和折线图为主，因此复用 vue-element-plus-admin 框架中的数据，使用 ECharts 来展示该模块。打开 DataAnalysis.vue，HTML 部分的代码如下：

```
<template>
<!-- 数据可视化展示栏 -->
<ElRow :gutter="20" justify="space-between">
<!-- 饼图卡片 -->
<ElCol :xl="10" :lg="10" :md="24" :sm="24" :xs="24">
<ElCard shadow="hover" class="mb-20px">
<ElSkeleton :loading="loading" animated>
<!-- 饼图展示组件 -->
<Echart :options="pieOptionsData" :height="300" />
</ElSkeleton>
</ElCard>
</ElCol>

<!-- 柱状图卡片 -->
<ElCol :xl="14" :lg="14" :md="24" :sm="24" :xs="24">
<ElCard shadow="hover" class="mb-20px">
<ElSkeleton :loading="loading" animated>
<!-- 柱状图展示组件 -->
<Echart :options="barOptionsData" :height="300" />
</ElSkeleton>
</ElCard>
</ElCol>

<!-- 折线图卡片 -->
<ElCol :span="24">
<ElCard shadow="hover" class="mb-20px">
<ElSkeleton :loading="loading" animated :rows="4">
<!-- 折线图展示组件 -->
<Echart :options="lineOptionsData" :height="350" />
</ElSkeleton>
</ElCard>
</ElCol>
</ElRow>
</template>
```

代码不是很多，主要是对 EChart 进行封装。下面继续完成 TypeScript 部分的代码：

```
<script setup lang="ts">
import { Echart } from '@/components/Echart'
import { pieOptions, barOptions, lineOptions } from './echarts-data'
import { ref, reactive } from 'vue'
import {
  getUserAccessSourceApi,
  getWeeklyUserActivityApi,
  getMonthlySalesApi
} from '@/api/dashboard/analysis'
```

```
import { set } from 'lodash-es'
import { EChartsOption } from 'echarts'
import { useI18n } from '@/hooks/web/useI18n'

// 使用国际化翻译函数
const { t } = useI18n()

// 加载状态
const loading = ref(true)

// 饼图选项数据
const pieOptionsData = reactive<EChartsOption>(pieOptions) as EChartsOption

// 获取用户访问来源数据
const getUserAccessSource = async () => {
  const res = await getUserAccessSourceApi().catch(() => {})
  if (res) {
    set(
      pieOptionsData,
      'legend.data',
      res.data.map((v) => t(v.name))
    )
    pieOptionsData!.series![0].data = res.data.map((v) => {
      return {
        name: t(v.name),
        value: v.value
      }
    })
  }
}

// 柱状图选项数据
const barOptionsData = reactive<EChartsOption>(barOptions) as EChartsOption

// 获取周活跃量数据
const getWeeklyUserActivity = async () => {
  const res = await getWeeklyUserActivityApi().catch(() => {})
  if (res) {
    set(
      barOptionsData,
      'xAxis.data',
      res.data.map((v) => t(v.name))
    )
    set(barOptionsData, 'series', [
      {
        name: t('analysis.activeQuantity'),
        data: res.data.map((v) => v.value),
        type: 'bar'
      }
    ])
  }
}

// 折线图选项数据
const lineOptionsData = reactive<EChartsOption>(lineOptions) as EChartsOption

// 获取每月销售总额数据
const getMonthlySales = async () => {
  const res = await getMonthlySalesApi().catch(() => {})
  if (res) {
```

```
    set(
      lineOptionsData,
      'xAxis.data',
      res.data.map((v) => t(v.name))
    )
    set(lineOptionsData, 'series', [
      {
        name: t('analysis.estimate'),
        smooth: true,
        type: 'line',
        data: res.data.map((v) => v.estimate),
        animationDuration: 2800,
        animationEasing: 'cubicInOut'
      },
      {
        name: t('analysis.actual'),
        smooth: true,
        type: 'line',
        itemStyle: {},
        data: res.data.map((v) => v.actual),
        animationDuration: 2800,
        animationEasing: 'quadraticOut'
      }
    ])
  }
}

// 获取所有数据
const getAllApi = async () => {
  await Promise.all([getUserAccessSource(), getWeeklyUserActivity(),
getMonthlySales()])
  loading.value = false
}

// 调用获取数据函数
getAllApi()
</script>
```

代码运行效果如图 13.3 所示。

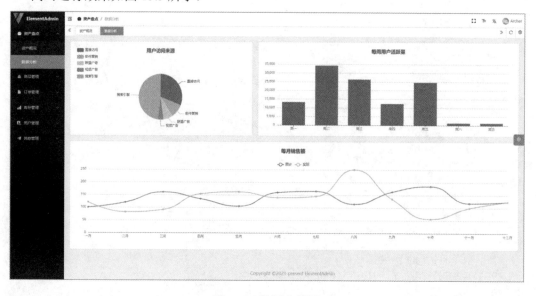

图 13.3　数据分析页

数据分析页主要用来展示各种 ECharts。在代码实现上，同样使用 getAllApi 函数合并 getUserAccessSource、getWeeklyUserActivity、getMonthlySales 这 3 个请求实现加载效果。

13.2　商　品　管　理

本节将介绍商品管理模块的开发，其功能包括商品查询、商品添加及商品编辑。商品管理是商城运营的核心，虽然操作多样，但是本质上是基于增、删、改、查的原理实现的。

13.2.1　商品查询

在进行商品查询前，同样要先使用 json-server 完成数据部分的构建，在 data.json 中新增以下代码：

```json
{
...
  "products": [
    {
      "id": 1,
      "title": "JavaScript 从入门到精通",
      "author": "管理员",
      "create_time": "2023-07-19 19:58:08",
      "post": "包邮",
      "price": 20,
      "number": 200,
      "description": "商品描述商品描述商品描述"
    },
    {
      "id": 2,
      "title": "深入浅出设计模式",
      "author": "张三",
      "create_time": "2023-07-18 19:58:08",
      "post": "包邮",
      "price": 29,
      "number": 90,
      "description": "商品描述商品描述商品描述"
    },
...
  }
}
```

笔者一共录入了 8 条测试数据，这里不一一列出了，读者可以自行编写内容。

商品查询的目录是 Product，打开 ProductSearch.vue 文件并输入以下代码：

```html
<template>
<!-- 内容包裹组件 -->
<ContentWrap>
<!-- 搜索栏 -->
<div style="display: flex;">
<!-- 搜索输入框 -->
<el-input style="width: 200px; margin-right: 16px;" v-model="searchValue"
placeholder="请输入标题关键字"></el-input>
<!-- 搜索按钮 -->
<el-button @click="search" type="primary">搜索</el-button>
```

```
<!-- 重置按钮 -->
<el-button @click="resetSearch">重置</el-button>
</div>
<!-- 数据表格 -->
<el-table :data="listData" style="width: 100%">
<!-- 序号列 -->
<el-table-column type="index" width="50" />
<!-- 商品名列 -->
<el-table-column prop="title" label="商品名" width="200"/>
<!-- 商品描述列 -->
<el-table-column prop="description" label="商品描述" />
<!-- 价格列 -->
<el-table-column prop="price" label="价格" width="180" />
<!-- 邮寄方式列 -->
<el-table-column prop="post" label="邮寄方式" width="180" />
<!-- 添加人列 -->
<el-table-column prop="author" label="添加人" width="180" />
<!-- 创建时间列 -->
<el-table-column prop="create_time" label="创建时间" width="180" />
</el-table>
</ContentWrap>
</template>

<script setup lang="ts">
import { ContentWrap } from '@/components/ContentWrap'
import { ref } from 'vue'
import request from '@/config/axios'

// 响应式数据：列表数据
const listData = ref([])

// 获取数据
const getData = async () => {
  const res = await request.get({ url: 'http://localhost:3000/products' })
  if (res) {
    listData.value = res || [];
  }
}
// 调用获取数据函数
getData()

// 响应式数据：搜索关键字
const searchValue = ref('')

// 搜索函数
const search = () => {
  listData.value = listData.value.filter(
    (rtn) =>
      !searchValue.value ||
      rtn.title.toLowerCase().includes(searchValue.value.toLowerCase())
  )
}

// 重置搜索函数
const resetSearch = () => {
  searchValue.value = ''
  // 恢复原始数据
  getData()
```

```
}
</script>
```

上面这段 Vue 3 代码实现了一个商品列表页面，该页面包含一个输入框和两个按钮，这两个按钮是"搜索""重置"按钮。当页面加载时，通过异步请求从服务器中获取商品数据，并将数据展示在表格中。用户可以在输入框中输入关键字，单击"搜索"按钮后，表格会实时过滤显示包含该关键字的商品数据。单击"重置"按钮则会清空输入框的内容，并重新加载所有商品数据。整体来说，这个页面实现了一个基本的商品搜索和列表功能。

代码运行效果如图 13.4 所示。

图 13.4　商品查询页

13.2.2　商品添加

实现查询功能后，本节继续完成商品添加功能。打开 ProductAdd.vue 文件并输入以下代码：

```
<template>
<!-- 内容包裹组件 -->
<ContentWrap>
<!-- 表单 -->
<el-form :model="form" label-width="120px">
<!-- 商品名表单项 -->
<el-form-item label="商品名">
<el-input v-model="form.title" />
</el-form-item>
<!-- 邮寄方式表单项 -->
<el-form-item label="邮寄方式">
<el-select v-model="form.post" placeholder="请选择">
<el-option label="包邮" value="包邮" />
<el-option label="12 元" value="12 元" />
</el-select>
</el-form-item>
```

```html
<!-- 价格表单项 -->
<el-form-item label="价格">
<el-input-number v-model="form.price" :min="1" />
</el-form-item>
<!-- 创建时间表单项 -->
<el-form-item label="创建时间">
<el-date-picker v-model="form.create_time" type="datetime" placeholder=
"请选择" value-format="YYYY-MM-DD hh:mm:ss" />
</el-form-item>
<!-- 添加人表单项 -->
<el-form-item label="添加人">
<el-radio-group v-model="form.author">
<el-radio label="管理员" />
<el-radio label="张三" />
</el-radio-group>
</el-form-item>
<!-- 商品描述表单项 -->
<el-form-item label="商品描述">
<el-input v-model="form.description" type="textarea" />
</el-form-item>
<!-- 提交按钮表单项 -->
<el-form-item>
<el-button type="primary" @click="onSubmit" style="width: 300px">添加
</el-button>
</el-form-item>
</el-form>
</ContentWrap>
</template>

<script lang="ts" setup>
import { ElMessage } from 'element-plus'
import { ContentWrap } from '@/components/ContentWrap'
import { reactive } from 'vue'
import request from '@/config/axios'
import { useRouter } from 'vue-router'

// 路由
const { push } = useRouter()

// 响应式数据：表单数据
const form = reactive({
  title: '',
  post: '',
  create_time: '',
  author: '',
  description: '',
  price: 0
})

// 添加数据函数
const addData = async () => {
  await request.post({ url: 'http://localhost:3000/products', data: form })
}

// 提交表单函数
const onSubmit = () => {
  addData()
  // 显示成功消息
```

```
ElMessage({
  message: '添加成功！',
  type: 'success',
})
// 延时跳转
setTimeout(() => { push('/Product/ProductSearch') }, 1000);
}
</script>
```

上面这段代码实现了一个商品添加页面。该页面使用了 Element-UI 的表单组件 el-form，其中包含商品名、邮寄方式、价格、创建时间、添加人和商品描述等字段。通过使用 v-model 指令，将用户在表单中输入的值与 form 对象中的对应属性进行双向绑定，使得用户输入的数据能够实时更新到 form 对象中。当用户单击"添加"按钮时会调用 onSubmit 函数将表单中的数据通过异步请求发送到服务器上，实现商品添加功能。在成功添加商品后，会显示添加成功的提示消息，并在 1s 后自动跳转到商品搜索页面。

代码运行效果如图 13.5 所示。

图 13.5　商品添加页

13.2.3　商品编辑

本节进行商品编辑模块的开发，实现商品的删除功能。打开 ProductEdit.vue 文件并输入以下代码：

```
<template>
<!-- 内容包裹组件 -->
<ContentWrap>
<!-- 数据表格 -->
<el-table :data="listData" style="width: 100%">
<!-- 序号列 -->
<el-table-column type="index" width="50" />
<!-- 商品名列 -->
<el-table-column prop="title" label="商品名" width="200"/>
```

```
<!-- 商品描述列 -->
<el-table-column prop="description" label="商品描述" />
<!-- 价格列 -->
<el-table-column prop="price" label="价格" width="180" />
<!-- 邮寄方式列 -->
<el-table-column prop="post" label="邮寄方式" width="180" />
<!-- 添加人列 -->
<el-table-column prop="author" label="添加人" width="180" />
<!-- 创建时间列 -->
<el-table-column prop="create_time" label="创建时间" width="180" />
<!-- 操作列 -->
<el-table-column label="操作" width="120">
<template #default="scope">
<!-- 删除按钮 -->
<el-button type="danger" size="small" @click.prevent="deleteRow
(scope.$index, scope.row.id)">
删除
</el-button>
</template>
</el-table-column>
</el-table>
</ContentWrap>
</template>

<script setup lang="ts">
import { ElMessage } from 'element-plus'
import { ContentWrap } from '@/components/ContentWrap'
import { ref } from 'vue'
import request from '@/config/axios'

// 响应式数据：列表数据
const listData = ref([])

// 获取数据函数
const getData = async () => {
  const res = await request.get({ url: 'http://localhost:3000/products' })
  if (res) {
    listData.value = res || [];
  }
}
// 调用获取数据函数
getData()

// 删除行函数
const deleteRow = (index: number, id: number) => {
  // 从列表中删除对应行
  listData.value.splice(index, 1)
  // 发送删除请求
  request.delete({ url: 'http://localhost:3000/products/' + id })
  // 显示成功消息
  ElMessage({
    message: '删除成功！',
    type: 'success',
  })
}
</script>
```

上面这段代码实现了一个商品列表页面，通过使用 Element-UI 的表格组件 el-table 展示商品的各种信息。listData 是一个响应式变量，用于存储商品列表数据。当页面加载时，通过异步请求从服务器中获取商品数据并将其赋值给 listData，从而实现商品列表的初始化。表格中的每一行表示一个商品，包含商品名、商品描述、价格、邮寄方式、添加人和创建时间等信息。同时，每行末尾还有一个"删除"按钮，当用户单击该按钮时会触发 deleteRow 函数，将对应的商品数据从 listData 中删除，并通过异步请求将该商品从服务器中删除。删除成功后，会弹出一个成功提示消息。

单击"删除"按钮，代码运行效果如图 13.6 所示。

图 13.6　商品编辑页

在运行代码的过程中注意观察 data.json 文件的变化，看是否能正常进行增加和删除操作。如图 13.7 所示，成功地删除了一个网络请求。

Name		
☐ 9	**Headers**　Preview　Response　Initiator　Timing	
	▼ General	
	Request URL:	http://localhost:3000/products/9
	Request Method:	DELETE
	Status Code:	● 200 OK
	Remote Address:	127.0.0.1:3000
	Referrer Policy:	strict-origin-when-cross-origin
	▼ Response Headers　☐ Raw	
	Access-Control-Allow-Credentials:	true
	Access-Control-Allow-Origin:	http://localhost:4000
	Cache-Control:	no-cache
	Connection:	keep-alive
	Content-Length:	2
	Content-Type:	application/json; charset=utf-8
	Date:	Thu, 20 Jul 2023 07:29:47 GMT
	Etag:	W/"2-vyGp6PvFo4RvsFtPoIWeCReyIC8"
	Expires:	-1

图 13.7　删除商品网络请求

13.3　订单管理

订单管理模块主要实现订单查询功能，帮助管理员快速找到特定的订单并了解订单的详细信息，这对于商城的运营至关重要。

由于订单是由用户生成的，所以对管理员而言只能进行查询操作，不能直接修改订单。这里还是修改 json-server 的数据，在 data.json 中新增以下代码：

```json
{
...
  "orders": [
    {
      "id": 1,
      "title": "深入浅出设计模式",
      "user": "小李",
      "create_time": "2023-07-19 19:58:08",
      "post": "包邮",
      "price": 29,
      "address": "北京市朝阳区 xx 街道"
    },
    {
      "id": 1,
      "title": "C 语言程序设计",
      "user": "小张",
      "create_time": "2023-07-19 19:58:08",
      "post": "包邮",
      "price": 40,
      "address": "辽宁省沈阳市大东区 xx 街道"
    }
  ],
}
```

可以看出，订单的区别主要是增加了购买人及其收货人地址。

打开 views/Order/OrderSearch.vue 文件并输入以下代码：

```html
<template>
<!-- 内容包裹组件 -->
<ContentWrap>
<!-- 搜索栏 -->
<div style="display: flex;">
<!-- 输入框 -->
<el-input style="width: 200px; margin-right: 16px;" v-model="searchValue"
placeholder="请输入标题关键字"></el-input>
<!-- 搜索按钮 -->
<el-button @click="search" type="primary">搜索</el-button>
<!-- 重置按钮 -->
<el-button @click="resetSearch">重置</el-button>
</div>
<!-- 数据表格 -->
<el-table :data="listData" style="width: 100%">
<!-- 序号列 -->
<el-table-column type="index" width="50" />
<!-- 商品名列 -->
```

```
<el-table-column prop="title" label="商品名" width="200"/>
<!-- 下单人列 -->
<el-table-column prop="user" label="下单人" width="180" />
<!-- 价格列 -->
<el-table-column prop="price" label="价格" width="180" />
<!-- 邮寄方式列 -->
<el-table-column prop="post" label="邮寄方式" width="180" />
<!-- 地址列 -->
<el-table-column prop="address" label="地址" />
<!-- 创建时间列 -->
<el-table-column prop="create_time" label="创建时间" width="180" />
</el-table>
</ContentWrap>
</template>

<script setup lang="ts">
import { ContentWrap } from '@/components/ContentWrap'
import { ref } from 'vue'
import request from '@/config/axios'

// 响应式数据：列表数据
const listData = ref([])

// 获取数据函数
const getData = async () => {
  const res = await request.get({ url: 'http://localhost:3000/orders' })
  if (res) {
    listData.value = res || [];
  }
}
// 调用获取数据函数
getData()

// 响应式数据：搜索框输入值
const searchValue = ref('')

// 搜索函数
const search = () => {
  listData.value = listData.value.filter(
    (rtn) =>
      !searchValue.value ||
      rtn.title.toLowerCase().includes(searchValue.value.toLowerCase())
  )
}

// 重置搜索函数
const resetSearch = () => {
  searchValue.value = ''
  getData()
}
</script>
```

上面这段代码实现了一个订单列表页面。该页面包括"搜索""重置"按钮，表格中展示了订单的各种信息，包括商品名、下单人、价格、邮寄方式、地址和创建时间等字段。通过异步请求从服务器中获取订单数据，并使用响应式变量 listData 使数据保持实时更新。整体来说，这段代码实现了一个功能完善的订单列表页面，允许用户根据标题关键字搜索订单并查看订单信息。

代码运行效果如图 13.8 所示。

图 13.8 订单查询页

13.4 库 存 管 理

本节介绍库存管理模块的实现，该模块实现库存查询和库存编辑的相关操作。库存管理对于商城的正常运营不可或缺，因此本节将详细介绍如何有效地管理库存。

13.4.1 库存查询

有商品肯定就会有库存，由于本项目并非正式的商业项目，所以库存和商品都使用 products 接口，库存数量取 number 这个参数即可。打开 views/Inventory/InventorySearch.vue 文件并输入以下代码：

```
<template>
<!-- 内容包裹组件 -->
<ContentWrap>
<!-- 搜索栏 -->
<div style="display: flex;">
<!-- 输入框 -->
<el-input style="width: 200px; margin-right: 16px;" v-model="searchValue"
placeholder="请输入标题关键字"></el-input>
<!-- 搜索按钮 -->
<el-button @click="search" type="primary">搜索</el-button>
<!-- 重置按钮 -->
<el-button @click="resetSearch">重置</el-button>
</div>
<!-- 数据表格 -->
<el-table :data="listData" style="width: 100%">
```

```
<!-- 序号列 -->
<el-table-column type="index" width="50" />
<!-- 商品名列 -->
<el-table-column prop="title" label="商品名"/>
<!-- 库存列 -->
<el-table-column prop="number" label="库存" width="180" />
<!-- 价格列 -->
<el-table-column prop="price" label="价格" width="180" />
<!-- 邮寄方式列 -->
<el-table-column prop="post" label="邮寄方式" width="180" />
<!-- 添加人列 -->
<el-table-column prop="author" label="添加人" width="180" />
<!-- 创建时间列 -->
<el-table-column prop="create_time" label="创建时间" width="180" />
</el-table>
</ContentWrap>
</template>

<script setup lang="ts">
import { ContentWrap } from '@/components/ContentWrap'
import { ref } from 'vue'
import request from '@/config/axios'

// 响应式数据：列表数据
const listData = ref([])

// 获取数据函数
const getData = async () => {
  const res = await request.get({ url: 'http://localhost:3000/products' })
  if (res) {
    listData.value = res || [];
  }
}
// 调用获取数据函数
getData()

// 响应式数据：搜索框输入值
const searchValue = ref('')

// 搜索函数
const search = () => {
  listData.value = listData.value.filter(
    (rtn) =>
      !searchValue.value ||
      rtn.title.toLowerCase().includes(searchValue.value.toLowerCase())
  )
}

// 重置搜索函数
const resetSearch = () => {
  searchValue.value = ''
  getData()
}
</script>
```

　　上面这段代码与前面的商品查询代码十分相似，都是在搜索和重置功能中加上一个表格。实际上，在日常开发的项目中大多数页面都很相似，这样才符合 UI 风格的统一，提高组件的复用率。

代码运行效果如图 13.9 所示。

图 13.9　库存查询页

13.4.2　库存编辑

库存编辑模块，不包含添加和删除商品的功能。这是因为商品管理模块已经包含这些功能，没有必要在库存管理模块重复实现相同的功能。对于库存管理，只需要对库存数量进行修改即可。如果要实现商品售罄的效果，可以将库存数量修改为 0。这样，当商品的库存数量为 0 时，即表示商品已售罄。这种做法简单且有效，能够满足库存管理的需求，同时避免了重复。

打开 InventoryEdit.vue 文件并输入以下代码：

```
<template>
<!-- 内容包裹组件 -->
<ContentWrap>
<!-- 数据表格 -->
<el-table :data="listData" style="width: 100%">
<!-- 序号列 -->
<el-table-column type="index" width="50" />
<!-- 商品名列 -->
<el-table-column prop="title" label="商品名"/>
<!-- 添加人列 -->
<el-table-column prop="author" label="添加人" width="180" />
<!-- 库存列 -->
<el-table-column prop="number" label="库存" width="180" />
<!-- 操作列 -->
<el-table-column label="操作" width="220">
<template #default="scope">
<!-- 数字输入框 -->
<el-input-number v-model="scope.row.number" :min="0" @change=
"handleChange(scope.row)" />
</template>
```

```
</el-table-column>
</el-table>
</ContentWrap>
</template>

<script setup lang="ts">
import { ContentWrap } from '@/components/ContentWrap'
import { ref } from 'vue'
import request from '@/config/axios'

// 响应式数据：列表数据
const listData = ref([])

// 获取数据函数
const getData = async () => {
  const res = await request.get({ url: 'http://localhost:3000/products' })
  if (res) {
    listData.value = res || [];
  }
}
// 调用获取数据函数
getData()

// 处理输入变化函数
const handleChange = (item) => {
  request.put({ url: 'http://localhost:3000/products/' + item.id, data:
item })
}
</script>
```

上面这段代码复用的部分笔者已反复讲解过，这里主要介绍修改数据这一段。当用户修改某个商品的库存数量时，会触发 handleChange 函数。该函数会发起一个异步请求，通过 PUT 方法将修改后的库存数量更新到 json-server 服务器上，这样就实现了对库存的修改功能。

代码运行效果如图 13.10 所示。

图 13.10　库存编辑页

13.5 消息管理

本节介绍消息管理模块的实现过程，包括消息分类管理及意见反馈管理。消息管理模块可以帮助管理员及时了解最新的消息通知和用户的反馈，并及时进行相应的处理。

13.5.1 消息分类管理

消息模块也需要先创建 json-server 数据，在 data.json 中新增以下代码：

```json
{
...
"messages": [
    {
      "id": 1,
      "title": "你有新的任务，请及时处理",
      "content": "库存不足，请补货",
      "create_time": "2023-07-19 19:00:00",
      "type": "任务"
    },
    {
      "id": 1,
      "title": "用户小李取消了订单",
      "content": "用户小李已取消",
      "create_time": "2023-07-19 19:00:00",
      "type": "通知"
    },
    {
      "id": 1,
      "title": "用户小张的意见反馈",
      "content": "商品存在质量问题",
      "create_time": "2023-07-19 19:00:00",
      "type": "反馈"
    }
  ]
}
```

数据结构并不复杂，只有标题、内容、创建时间和类型，很容易理解。

来到消息管理的目录 Message 下，打开 MessageManagement.vue 文件并输入以下代码：

```html
<template>
<!-- 内容包裹组件 -->
<ContentWrap>
<!-- 搜索栏 -->
<div style="display: flex;">
<el-input style="width: 200px; margin-right: 16px;" v-model="searchValue"
placeholder="请输入标题关键字"></el-input>
<el-button @click="search" type="primary">搜索</el-button>
<el-button @click="resetSearch">重置</el-button>
</div>
<!-- 数据表格 -->
<el-table :data="listData" style="width: 100%">
<!-- 序号列 -->
```

```
<el-table-column type="index" width="50" />
<!-- 消息标题列 -->
<el-table-column prop="title" label="消息标题" />
<!-- 消息内容列 -->
<el-table-column prop="content" label="消息内容" />

<!-- 消息类型列 -->
<el-table-column label="消息类型" width="180">
<template #default="scope">
<!-- 消息类型标签 -->
<el-tag :type="getType(scope.row)">{{ scope.row.type }}</el-tag>
</template>
</el-table-column>

<!-- 创建时间列 -->
<el-table-column prop="create_time" label="创建时间" width="180" />
</el-table>
</ContentWrap>
</template>

<script setup lang="ts">
import { ContentWrap } from '@/components/ContentWrap'
import { ref } from 'vue'
import request from '@/config/axios'

// 响应式数据：列表数据
const listData = ref([])

// 获取消息类型
const getType = (item) => {
  if (item.type == '通知') return 'info'
  if (item.type == '反馈') return 'warning'
  else return ''
}

// 获取数据函数
const getData = async () => {
  const res = await request.get({ url: 'http://localhost:3000/messages' })
  if (res) {
    listData.value = res || [];
  }
}
// 调用获取数据函数
getData()

// 响应式数据：搜索关键字
const searchValue = ref('')

// 搜索函数
const search = () => {
  listData.value = listData.value.filter(
    (rtn) =>
      !searchValue.value ||
      rtn.title.toLowerCase().includes(searchValue.value.toLowerCase())
  )
```

```
}

// 重置搜索函数
const resetSearch = () => {
  searchValue.value = ''
  getData()
}
</script>
```

上面这段代码实现了一个基本的消息管理功能，允许用户查看和搜索消息，并根据消息类型展示不同的标签样式。通过搜索框和按钮的交互，实现了对消息列表的动态过滤和重置功能，使得消息管理更加方便和高效。消息类型显示为 el-tag 标签，并根据消息的不同类型设置不同的样式。通过 getType 函数，根据消息的类型将消息标签的样式设置为不同的颜色。

代码运行效果如图 13.11 所示。

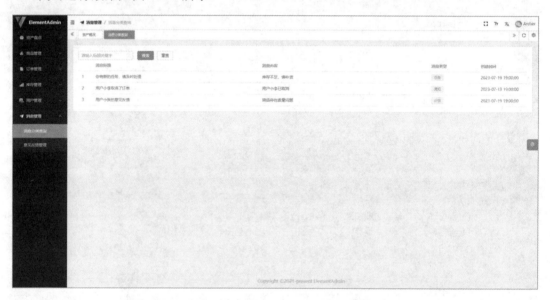

图 13.11　消息分类查询页

13.5.2　意见反馈管理

最后一步是意见反馈管理的开发。由于需要使用 vue-element-plus-admin 框架自带的富文本编辑器组件，所以在开始之前先学习该框架的代码，分析如何封装富文本编辑。组件代码在 src/components/Editor/src/Editor.vue 中，具体代码如下：

```
<script setup lang="ts">
import {
  onBeforeUnmount,
  computed,
  PropType,
  unref,
  nextTick,
  ref,
```

```
  watch,
  shallowRef,
  defineProps,
  defineEmits,
  defineExpose
} from 'vue'
import { Editor, Toolbar } from '@wangeditor/editor-for-vue'
import { IDomEditor, IEditorConfig, i18nChangeLanguage } from
'@wangeditor/editor'
import { propTypes } from '@/utils/propTypes'
import { isNumber } from '@/utils/is'
import { ElMessage } from 'element-plus'
import { useLocaleStore } from '@/store/modules/locale'


// 获取本地化存储
const localeStore = useLocaleStore()


// 计算当前语言
const currentLocale = computed(() => localeStore.getCurrentLocale)


// 更改编辑器语言
i18nChangeLanguage(unref(currentLocale).lang)


// 定义组件属性
const props = defineProps({
  editorId: propTypes.string.def('wangeEditor-1'),
  height: propTypes.oneOfType([Number, String]).def('500px'),
  editorConfig: {
    type: Object as PropType<IEditorConfig>,
    default: () => undefined
  },
  modelValue: propTypes.string.def('')
})


// 定义组件事件
const emit = defineEmits(['change', 'update:modelValue'])


// 编辑器实例，必须用 shallowRef
const editorRef = shallowRef<IDomEditor>()


// 绑定值的副本
const valueHtml = ref('')


// 监听父组件传入的绑定值变化情况
watch(
  () => props.modelValue,
  (val: string) => {
    if (val === unref(valueHtml)) return
    valueHtml.value = val
  },
  {
    immediate: true
  }
)


// 监听副本值是否变化并更新父组件绑定值
```

```
watch(
  () => valueHtml.value,
  (val: string) => {
    emit('update:modelValue', val)
  }
)

// 处理编辑器创建完成
const handleCreated = (editor: IDomEditor) => {
  editorRef.value = editor
}

// 计算编辑器配置
const editorConfig = computed((): IEditorConfig => {
  return Object.assign(
    {
      readOnly: false,
      customAlert: (s: string, t: string) => {
        switch (t) {
          case 'success':
            ElMessage.success(s)
            break
          case 'info':
            ElMessage.info(s)
            break
          case 'warning':
            ElMessage.warning(s)
            break
          case 'error':
            ElMessage.error(s)
            break
          default:
            ElMessage.info(s)
            break
        }
      },
      autoFocus: false,
      scroll: true,
      uploadImgShowBase64: true
    },
    props.editorConfig || {}
  )
})

// 计算编辑器样式
const editorStyle = computed(() => {
  return {
    height: isNumber(props.height) ? `${props.height}px` : props.height
  }
})

// 处理编辑器的内容变化
const handleChange = (editor: IDomEditor) => {
  emit('change', editor)
}
```

```
// 组件销毁前销毁编辑器
onBeforeUnmount(() => {
  const editor = unref(editorRef.value)
  if (editor === null) return

  // 销毁编辑器
  editor?.destroy()
})

// 暴露获取编辑器实例的方法
const getEditorRef = async (): Promise<IDomEditor> => {
  await nextTick()
  return unref(editorRef.value) as IDomEditor
}

defineExpose({
  getEditorRef
})
</script>

<template>
<div class="border-1 border-solid border-[var(--tags-view-border-color)]
z-99">
<!-- 工具栏 -->
<Toolbar
    :editor="editorRef"
    :editorId="editorId"
    class="border-bottom-1 border-solid border-[var(--tags-view-border-
color)]"
  />
<!-- 编辑器 -->
<Editor
    v-model="valueHtml"
    :editorId="editorId"
    :defaultConfig="editorConfig"
    :style="editorStyle"
    @on-change="handleChange"
    @on-created="handleCreated"
  />
</div>
</template>

<style src="@wangeditor/editor/dist/css/style.css"></style>
```

上面这段代码实现了一个自定义的 Vue 组件，使用了@wangeditor/editor-for-vue 库提供的富文本编辑器（WangEditor）来实现富文本编辑功能。下面逐一解释代码。

在脚本部分，首先导入了 Vue 的一些辅助函数和外部依赖，使用 shallowRef 来定义响应式变量editorRef，该变量用于存储富文本编辑器的实例。通过 watch 监听props.modelValue 的变化，并在 valueHtml 的值发生改变时，通过 emit 函数触发 update:modelValue 事件。

editorConfig 计算属性用于设置编辑器的配置，通过 computed 计算样式 editorStyle 设置编辑器的高度。handleChange 用于监听编辑器内容的变化情况。handleCreated 在编辑器创建后将编辑器实例赋值给 editorRef。getEditorRef 暴露给模板的函数，用于获取编辑器实例。

在模板中，使用 Editor 和 Toolbar 组件实现富文本编辑器和工具栏的展示。Editor 组件实现了富文本编辑功能，其中使用了 valueHtml 实现与父组件的双向绑定。通过设置 editorConfig 和 editorStyle 来配置编辑器的样式和行为，绑定 handleChange 和 handleCreated 函数用于监听编辑器的内容变化并创建事件。

Toolbar 组件实现了编辑器的工具栏功能。

总体来说，上面的代码实现了一个基于 WangEditor 的自定义富文本编辑器组件，允许用户在页面上编辑富文本内容。通过双向绑定、事件监听和样式配置，实现了编辑器内容的同步和自定义配置，使得富文本编辑器具备一定的定制化功能。

编辑器的封装基本上就完成了。现在开始编写意见反馈管理模块的代码。打开 FeedbackManagement.vue 文件并输入以下代码：

```html
<template>
<ContentWrap>
<!-- 消息列表 -->
<el-table :data="listData" style="width: 100%">
<el-table-column type="index" width="50" />
<el-table-column prop="title" label="消息标题" />
<el-table-column prop="content" label="消息内容" />
<el-table-column label="消息类型" width="180">
<template #default="scope">
<el-tag :type="getType(scope.row)">{{ scope.row.type }}</el-tag>
</template>
</el-table-column>
<el-table-column prop="create_time" label="创建时间" width="180" />
<el-table-column label="操作" width="120">
<template #default="scope">
<el-button type="primary" size="small" @click.prevent="showDialog(scope.row)">
处理
</el-button>
</template>
</el-table-column>
</el-table>

<!-- 处理对话框 -->
<Dialog v-model="dialogVisible" title="处理">
<Editor />
<template #footer>
<ElButton type="primary" @click="dialogVisible = false">保存</ElButton>
<ElButton @click="dialogVisible = false">关闭</ElButton>
</template>
</Dialog>
</ContentWrap>
</template>

<script setup lang="ts">
import { ContentWrap } from '@/components/ContentWrap'
import { Dialog } from '@/components/Dialog'
import { Editor } from '@/components/Editor'
import { ref } from 'vue'
import request from '@/config/axios'
```

```
// 消息数据
const listData = ref([])

// 获取消息类型
const getType = (item) => {
  if (item.type == '通知') return 'info'
  if (item.type == '反馈') return 'warning'
  else return ''
}

// 获取消息列表
const getData = async () => {
  const res = await request.get({ url: 'http://localhost:3000/messages' })
  if (res) {
    // 过滤出反馈类型的消息
    listData.value = res.filter((rtn) => rtn.type == '反馈') || [];
  }
}
getData()

// 对话框状态和显示函数
const dialogVisible = ref(false)
const showDialog = (item) => {
  dialogVisible.value = true;
}
</script>
```

上面这段代码实现了一个消息管理页面,允许用户查看消息列表,单击"处理"按钮,在弹出的对话框中进行消息内容的处理。当用户单击"处理"按钮时,触发 showDialog 函数,将 dialogVisible 设置为 true,从而弹出处理消息对话框。该对话框的内容由 Editor 组件构成,用户可以在其中编辑消息内容。该对话框的底部有两个按钮,分别是"保存""关闭"按钮,用于保存编辑后的内容或关闭对话框。

代码运行效果如图 13.12 所示。

图 13.12　意见反馈管理页

13.6 小 结

本章介绍了商城后台管理系统主要模块的实现过程，逐步深入探讨了 Vue 3 的不同方面，并在后续的各个模块中巩固了对组件、路由、网络请求、指令和 UI 框架等知识点的理解。

全书介绍的项目例子较多，这是因为笔者深信通过多练、多写，才能在学习编程的过程中取得更快的进步。仅仅进行枯燥的理论学习或者只查看 API 文档而不动手实践，可能会让学习难以坚持下去。

在学习 Vue 3 的过程中，不仅要掌握语法和 API，还要了解它的核心思想和设计理念。Vue 3 作为一种现代的前端框架，为开发者提供了许多强大的工具和机制，可以快速构建复杂的应用程序。通过本书的学习，希望大家对 Vue 3 有了更深入的了解，并能够在实际项目中灵活运用这些知识。

编程是一门需要不断进步的技能。除了学习本书中的内容，还要继续保持学习的态度，关注最新的前端技术发展，不断拓展自己的知识面。只有持续学习和实践，才能不断提升自己，成为更优秀的开发者。